禅者的秘密

【禅茶】

饥来吃饭困来眠　真实不虚中国禅

文汇出版社

作者简介

"茶密修养"由悟义老师根据自己的实修体悟而创立,系统归纳升华了恩师北大哲学博士静岩老师三十多年的禅修、艺术人生的经验、感悟和智慧,为现代人舒缓心理压力,提升精神修养探索了一条有益的途径。

"茶密修养"不属于任何教派,通过对东方传统儒释道三家文化的深入理解,从而实现身心灵和谐自在、健康快乐的幸福人生。

悟义老师的主要著作:
《茶密人生》主要讲述悟义老师如何身心转化的过程;
《茶密功夫》主要讲述"茶密修养"12种功夫的来源;
茶密修养禅文化丛书01:《茶密禅心》主要讲述"中国禅"的思想、起源、特色;
茶密修养禅文化丛书02:《禅者的秘密·饮食》主要讲述禅者如何对待饮食,如何在实修中调理身体。

作者联系方式:
chami@vip.163.com

总序

继《茶密禅心》面市后，出乎意料地得到了各界的高度认同，更加加强了我将现代常常被人误解的"中国禅"在生活、修炼中的各个方面认知及思想真实还原呈现在大众面前的信心。

"茶密禅文化系列丛书"除了已经出版的《茶密禅心》外，将陆续展开我对于"中国禅"在饮食、疾病、艺术、禅茶、情绪、爱情、睡眠、教育、宜居、服装、禅定等生活禅在各方面的独特观点和方法介绍。"中国禅"虽然和其他佛教宗派相似，以禅定入门，以达到般若智慧解脱证道为目的，但它更生活化、平实化，更注重当下的力量，尤其注重不离世间而证道解脱。

禅师们会用各种独特的善巧方便之法，无论棒喝也好，大白话也罢，匪夷所思，疯疯癫癫的目的无非破除人的执着、妄想、知见，让人自见光明本性，拨云见日，晴空万里。"中国禅"的根本精神不是让人离尘遁世，逃避生死，自身成仙，而是在滚滚红尘升华生死，出世自在，入世逍遥，在人世间普度众生，离苦得乐，超越凡夫，不为外界的情、物、欲、权、法、相所迷所困所累所牵。

所以"中国禅"不是风花雪月，也无章可循，禅法完全是"存乎一念，用乎一心"，师者根据不同根器之人运用不同相应之法，"因人而异，因材施教"。

"禅"本意不立文字，讲究心心相印，性性相契，但由于现代人和古人不同，从小思想复杂，又长期受西方教育熏陶，相信科学、实验，越来越不相信看不见、摸不着的玄妙，又有些居心叵测之人，利用玄妙，装神弄鬼，迷惑大众，中饱私囊。故，笔者试图将禅在生活中各个方面的理解细细道来，正如老子圣人所言："道可道，非常道"，禅之玄妙一经解释，笔者无论怎样叙述的"禅"，其实已非"禅"了，可能就只能将部分禅理、禅法、禅诗、禅医、禅相等用文字表述，但聊胜于无吧，真正的禅心和禅境需要实修者自己体会，因缘和合参悟才可得。

决定写"茶密禅文化系列丛书"是因为禅的禅学、禅修、禅境三部分很难混合，单纯性的禅理学术文章或禅定、打坐、

修炼等专著难以惠及大众,"中国禅"的非凡在于它时时刻刻不离生活,在烦乱的社会环境中保持一心,了无一事,"行凡夫事,发菩提心","无心于事,无事于心",达到这种境界,纵使叫什么名称,位居什么职位,犹如庄子所说或牛或马一任人呼,又有何不可?又有何分别呢?笔者故而将此三部分用文学的方式融会贯通,用故事的方式生动表达,希望更多喜爱中国传统文化的读者可以思考、理解、受益,就是此套丛书的意义与内涵。

"中国禅"思想从魏晋南北朝罗什师、达摩师、傅大士等祖师、大觉者奠基,经慧能禅师创始禅宗,道一禅师大事弘开,怀海禅师规范丛林,形成了新鲜活泼的禅风,当下立断的禅悟,平凡朴实的禅语的中国特色禅。可惜的是现代人一提到"禅",忽略了"禅"的核心是般若智慧,脑海里自然产生的图画是寺庙、烧香、法会、打坐,更有甚者居然以为"禅"是茶艺、SPA、插花……让人痛心不已。"中国禅"当下立断,只破不立,佛魔俱遣,心心相印。古时禅宗大德,哪一位不是顶天立地、从容生死、出入自在、慈悲智慧的大丈夫?

中国传统文化,第一阶段:三代前后,从伏羲画八卦创立《易经》开始,经夏、商、周的发展,以原始、质朴的特色,形成易、礼为中心的思想。第二阶段:在春秋战国时期,诸子百家,百花齐放,百家争鸣,互为异同,逐渐形成儒、道、墨三家并举，称为"显学"。第三阶段：经历魏晋南北朝的演变，儒、释、道三家鼎驰，互为兴衰，故此中国传统文化，三教互不可分割，你中有我，我中有你，不可偏举。中国文化的特色，是文史不分，文哲不分，所以讲中国文化，就无法独立偏重哪一点。纵横交错，追本溯源，才可以不以偏概全。

盛唐时期是中国文化的顶峰，中西文化交融，国都朝野市集中各种思想、文化、语言交集，大国风采在于文化泽被天下，引百鸟朝凤，百川归海，经济独立，富国强民。文化的力量犹如春雨一般，"随风潜入夜，润物细无声"，不知不觉中改变现实社会的道德取向、价值观、人心。禅文化在盛唐之所以被广泛接受，慧能禅师创立的"禅宗"不是凭借帝王政治力量的推动，而是由民间社会自然发展认可，是因为"中国禅"不神秘、不迷信，无论士大夫还是老百姓，也无论男女老幼，有文化没文化，众生平等，当下悟了便悟了。

"中国禅"顿悟法门的意义在于人的本性犹如太阳，光芒万丈，但被乌云遮挡，不见阳光，如果在刹那间吹散乌云，人就可以看见自己清净的本来面目，这就是"禅"的契机，但顿悟的意思不是一次悟了便结束了，就证道了不用修了。如何时刻保持那刹那间的光明，保持生活中时刻发菩提心？这是需要修持的，当年道一禅师在悟道前经过了多年的坐禅基础，禅定功夫了得，可就是不悟道，后经南岳怀让禅师一番"打牛打

车"的教育后彻悟，悟道后他继续在师父身边随侍9年，都是不断修证、学习的过程（参见《茶密禅心》马祖篇）。

　　《茶密禅心》作为此套丛书的开篇，禅心是在生活中保持的一心不乱、了了分明、如如不动，是禅者的境界，活在当下，三心不得，《茶密禅心》将"中国禅"的源头、发展和本质娓娓道来。

2013年3月13日

本书序

从"茶密禅文化系列丛书"第二本《禅者的秘密·饮食》开始,我们进入中国独特禅文化的细节阐述。古话说:"民以食为天""食色性也",饮食文化在中国社会一直处于极其重要的地位,《禅者的秘密·饮食》一书分享了禅者对日常饮食的观点,对于戒律的态度;对于开戒、持戒、破戒的认识;禅者对于饮食法养生的观点等和禅饮食相关的方方面面。书中借用赵州禅师的视角来展开我们的论述,这些论述没有答案,每个人都有不同的认知,自己体会感悟吧。

第三本《禅者的秘密·禅茶》一书围绕我们日常生活最常见、常用,大部分人听到"禅"就立即会想到的"茶"来展开我们的视野。

现代人喜欢热闹，热闹自然离不开酒，酒是催情剂，调动情欲，飘飘欲仙，不知身处何方。酒是豪迈的侠士："人生得意须尽欢，莫使金樽空对月。"而茶是雅致的生活："诗写梅花月，茶煎谷雨春。"古人喝酒有侠骨，烹茶生柔情。可惜现代喝昂贵之酒，行低俗之事的也不乏其人，让人唏嘘。在这个喧嚣的世界上茶是清凉剂，直接给炙热的躁动的欲望泼冷水。

古时清雅之士行茶宴，赏花、吟诗、品茶、抚琴、闻道、听雨、清谈，宋朝还加上了焚香、插花、点茶、挂画等内容，大大丰富了文化艺术修养。

"茶不入禅，终是俗事；禅不入心，无非文字"。拈花微笑，烹茶契道，在淡雅、俭朴的生活中用心体会一心三昧，无论身处何地可以远离喧嚣浮躁的内心，回归于宁静致远，回归于清明高洁，回归于淡泊明志，回归于自然无为，这便是禅茶了。

"茶密禅文化系列"丛书主要涉及中国禅的起源、历史，追本溯源，还原给读者原汁原味的"中国禅"以及"禅茶一味"。近百年来日本文化引导了"禅"和"禅茶"，日本仿佛成为"禅"和"禅茶"的圣地，许多人会去日本寻禅、悟禅。我们在这里需要特别介绍一下中国文化最鼎盛的唐朝开始兴盛

的"中国禅"与"禅茶"和现代流行的"禅"以及"禅茶"有所不同。

日本"禅"英文称之为"ZEN"。日本人常说,禅在印度出生,在中国开花,在日本结果。近代向西方大力推广"禅"的国家,是日本。英文"ZEN"取自"禅"的日语发音。远在奈良时期,日本道璇和尚首先将中国的"北禅"传回日本,"北禅"即神秀禅师弘扬的渐悟禅法(见《茶密禅心》神秀篇)。后来,在嵯峨天皇弘仁年间(810—823年),唐朝义空禅师东渡日本传法,日本的檀林皇后修建了檀林寺大力倡导禅宗,这是日本禅宗的开始。然而当时日本社会上皈依禅宗的人还很少,不久以后,义空禅师回国。

直到12、13世纪之交的镰仓时代,日本和尚荣西将"中国慧能禅"的"临济宗"传入日本,弘扬坐禅、顿悟,推动"兴禅护国"学说,算是开创了日本禅宗,禅法开始兴盛。又有公元1223年日本的道元和尚入宋拜宁波天童山景德寺曹洞宗十三祖如净禅师为师学习"禅之心",回国后开创了日本"曹洞宗",自此,日本禅宗以"中国禅"的"临济宗""曹洞宗"为主。

禅宗在日本兴盛的另外一个不可忽视的原因是,禅宗成为了武士们的信仰。日本镰仓时代有过这样一句谚语:"天台属于官家,真言属于公卿,禅宗属于武士,净土属于平民。"当时的武士们没有社会地位，整天在刀尖上生活，随时都有可能面对死亡。对于武士而言，最重要的是当下念头，随时面对"死"。禅宗主张顿悟中解脱生死的羁绊，"禅"是武士的解脱之道，他们信奉"剑我如一"。武士们对禅宗的修行方式十分重视，日本禅宗的高僧也往往得到将军和武士的尊敬与爱戴。后经日本政府多年推广，日本"ZEN"已被西方社会普遍接受，"ZEN"发展出"茶道""花道""武士道"等各种形态，又被大量应用于建筑、艺术、文化、美容、饮食等领域，现代大部分人理解的"禅"或"禅茶"即是日本的"ZEN"。

在"禅"的推动方面，"禅"字是一样写，但由于推动的人文化背景、语言背景不同，因此推动内涵不同，日本人推动的"禅"文化称为"ZEN"，韩国人推动的"禅"文化称为"SEON"，而中国本土的禅称为"CHAN"。不同的英文代表"禅"背后的内涵有区别，表现方式和语言文化有区别。可惜的是，目前绝大部分人只知道有"ZEN"不知道有"CHAN"。

中国"禅"即"CHAN"，它没有形象，没有仪式，禅宗祖师们要求"不立文字"，要的是"以心传心，心心相印，自悟自证，自度成佛"，"中国禅"的禅师们嬉笑怒骂，棒喝棍打，因人而异，因材施教，传"禅"之师必也通体肝胆，侠义本色，屠夫手段，菩萨心肠，必也气吞寰宇，胸罗万代，红来现红,绿来观绿,望之俨然,即之存温,此方可称之为"禅师"。这些不可复制的教化方式,师者应具备的"清、正、慧、定",导致在现代以物质为导向的社会多遇名师,而难遇明师,"中国禅"当下开悟的方式,无法验证的禅境,不容易被信奉科学的西方社会理解,也被中国人逐渐淡忘。

"ZEN"和"CHAN"没有高低上下,万法平等,只是现代人不应该忘记"中国禅"的本来面目。现代科学讲究看得见,摸得着,学得快,讲究复制性强,但东方传统强调个体差异,人人根器不同,悟性不同,东方传统的根本思想内包括了身心灵的不可分割性,庄子曰:"其分也,成也;其成也,毁也。"每个人的能量、潜力、性格、内涵、理解、机缘都不同,思想是不可复制的,而将不可复制的人的思想放在可复制的体系内,容易僵化和失去创造力。

"茶密禅文化系列"丛书还原真实不虚的"中国禅",让读者在生活各个层面领悟"中国禅"原来并不神秘,原来"中国禅"是以教化众生离苦得乐为己任,原来"CHAN"与"ZEN"有区别。

中国禅师们手中的禅茶,不仅解渴、解乏,更是存思、养生、洗心、悟道入清凉地的上品,故,茶在禅师们的日常生活中不可或缺,"中国禅"存在于活泼泼的当下,热乎乎的生活中,只有心在当下,在向死求生的修炼中,不念既往,不畏将来，才更加随缘惜缘，不会不重视当下的缘分，而在头脑里老是思考着下一件事。

禅便是此时此刻的一心一意。不是冰冷的戒律，死沉的教条，或者一尘不变的仪式。茶的个中滋味，禅的玄妙境界，唯有契合当下的平常心乃知之，"平常心是道"。

史学家认为，唐代有三件关于茶的大事：一是陆羽著《茶经》，二是卢仝作《七碗茶歌》，三是赵赞的"茶禁"（茶税）。

唐代自安史之乱后，为了扩大税收，朝廷把目光投向茶叶贸易。公元782年，户部侍郎赵赞建议："税天下茶漆竹木，十取一。"这是我国第一次抽收茶税。公元793年，茶税成为定制。据《新唐书·食货志》记载："开成年间，朝廷收入矿冶税，每年不过七万余缗(每缗千文)，抵不上一县之茶税。"看到茶税能带来巨额收入，朝廷索性实行茶叶专卖制度，由国家垄断。茶叶专卖，加上茶税不断上涨，茶税在国家财政收入的比重越来越大，以至于"茶盐"并称为国家的两大财政支柱。

除了茶税，唐代还开创了"贡茶制度"——官府征收各地名茶做贡品。地方官员阿谀奉承，挖空心思弄了许多"山巅之茶"、"山涧之茶"等稀奇古怪的茶叶贡献给朝廷，茶农苦不堪言。

唐元和六年（805年），卢仝邀韩愈、贾岛等人在桃花泉烹茶煮水时写了为后世茶人中广为流传《七碗茶诗》，就是在这种社会环境下写就的。魏文帝曹丕曾做诗："与我一丸药，光耀有五色。服之四五日，身体生羽翼。"宋代苏东坡则作诗道："何须魏帝一丸药，且尽卢仝七碗茶。"

卢仝淡泊名利，不求闻达，长年隐居在河南少室山，自号"玉川子"。

日高丈五睡正浓，军将打门惊周公。
口云谏议送书信，白绢斜封三道印。
开缄宛见谏议面，手阅月团三百片。
闻道新年入山里，蛰虫惊动春风起。
天子须尝阳羡茶，百草不敢先开花。
仁风暗结珠蓓蕾，先春抽出黄金芽。
摘鲜焙芳旋封裹，至精至好且不奢。
至尊之余合王公，何事便到山人家。
柴门反关无俗客，纱帽笼头自煎吃。
碧云引风吹不断，白花浮光凝碗面。
一碗喉吻润，两碗破孤闷；
三碗搜枯肠，惟有文字五千卷。
四碗发轻汗，平生不平事，尽向毛孔散；
五碗肌骨轻，六碗通仙灵；
七碗吃不得，惟觉两腋习习清风生。

卢仝这首《走笔谢孟谏议寄新茶》是笔者最爱的茶诗之一，全诗31句，行云流水，一气呵成，畅快淋漓。茶中有禅道，茶中有真性：一碗清润喉，二碗提精神，三碗升灵思，四碗宽心胸，五碗轻肌骨，六碗通仙灵，七碗吃不得，惟觉两腋习习清风生……禅茶一味致清导和。喝酒使人颠颠狂狂，醉入幻境，禅茶却助人明心见性，彻见本来面目。

《禅者的秘密·禅茶》一书以茶文化历史中最有代表性的茶圣陆羽和他的忘年交皎然禅师以及史上第一位著名女茶艺师李冶为主线，用故事方式来和读者分享禅者对茶的理解，为何禅茶成为唐宋禅师、士大夫、文人修身养性的一种生活方式、入道方式。

茶界，如果没有茶圣陆羽；没有他"穷《春秋》，演《河图》，不如载茗一车"；没有他将茶"源、法、具"入学，入境，入经；没有他清风雅趣，脍炙古今，开宗立派，开天辟地，敢把"茶说"取名《茶经》，不敢想象中国的茶文化又会是怎样一番模样。

如果没有李冶这位知己红颜，陆羽的人生会是怎样？李季兰一生坎坷，才华横溢，她与薛涛、鱼玄机、刘采春并称为"唐代四大女诗人"。她诗风别致，全无女子羞涩之态，思想自由不输今日女子，其中《八至》最为直白："至近至远东西，至深至浅清溪。至高至明日月，至亲至疏夫妻。"关于她与陆羽、皎然禅师之间的各种民间传说为她增添了许多色彩。

陆羽晚年飘泊,曾写"月色寒潮入剡溪,青猿叫断绿林西。昔人已逐东流去,空见年年江草齐",有学者认为就是为李季兰所写。

万古长空中娇小的身影,在一朝风月里又翼长千里。一千多年后的今天,在湖州、吴兴等地的烹茶技艺中依稀可见李冶的一缕香魂犹存。

又如果没有中国历史上最有诗情的禅僧皎然,他首次提出"茶道"的概念,举办了许多重要茶事活动,笔者认为皎然禅师是"禅茶一味"开创者。公元760年,陆羽游抵湖州,与皎然禅师一见如故,同住杼山妙喜寺,结成"缁素忘年之交"。不久移居皎然书房——"苕溪草堂",潜心著述。如果没有皎然禅师绝世独立的友情,没有皎然禅师激越清明的文字,没有皎然及众多史子经学倾力相助,《茶经》会不会如期完成?

陆羽是孤儿,幼年容貌丑陋,口吃自闭,被恩师竟陵禅师智积收养,后志行高洁,修正知命,13岁离开恩师后游历天下,去戏班当过丑角,还写过剧本,他在天地间发现自己。在《茶经》开局他便说茶人一定是"精行俭德之人",他言及对人的态度是"及与人为信,虽冰雪千里,虎狼当道,不侃言也"，这便是《禅茶》书中真实、真情、真性，"耻一物不尽其妙"的陆羽，"有文学，多意思"的茶圣。

历史没有那么多如果。禅在茶中，茶在禅中，"水自竹边流出冷，风从花里过来香"，万物因缘和合出一味，通彻甜美天地合一。

茶心禅心凡心，心心一心；茶密禅密道密，密密同密；禅茶本来平凡，平凡之中，得见非凡。…

我们这本书的故事地点发生在风景如画的浙江湖州，湖州这个人杰地灵的地方从来都不缺美丽动人的传说。

五代时，临安人吴越王夫人戴妃，原是湖州横溪郎碧村的一个农家姑娘。夫妻恩爱。一年，吴越王在杭州料理政事，春天来了，见西湖堤岸桃红柳绿，想起回娘家多日的夫人倍觉思念，提笔写道："陌上花开，可缓缓归矣。"

那好，让我们一起回到温柔多情的吴兴，开始缓缓的归乡之路吧。

这正是："自歌自舞自开怀，无拘无束无碍。青史几番春梦，红尘多少奇才，不消计较与安排，领取而今现在！"

本故事是为虚构，请勿对号入座。

本书序

感恩茶密禅文化智慧导师楼宇烈先生。

感恩恩师静岩博士亲自为本书绘制的禅画。

感恩王心老师。

感恩振滔老师、丽琴老师、王彬老师。

感恩沈琛老师。

感恩陆国伟老师、高海云老师、灵英老师。

感恩毛励铭老师为本书绘制的插图。

感恩文汇出版社各部门的积极配合。

感恩灵佑老师、灵和老师、灵一老师、灵山老师、灵觉老师。

感恩茶密修养各位老师！

感恩所有关注和支持本书的大善知识！

目录

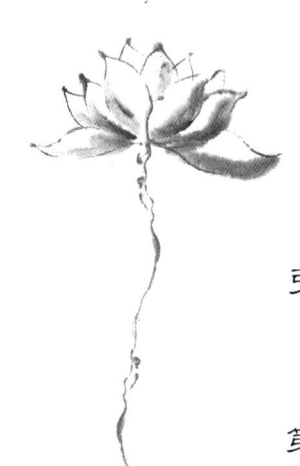

引　　　　笑红尘　　　1

第一章　　不二情　　　1

第二章　　道可道　　　33

第三章　　茶丸功　　　70

目录

第四章　　丹阳手　　123

第五章　　非非想　　155

第六章　　茶禅道　　181

引 | 笑红尘

不羡黄金罍,

不羡白玉杯;

不羡朝入省,

不羡暮入台;

千羡万羡西江水,

曾向竟陵城下来。

公元760年春,湖州白雀山法华寺。

法堂前,古树参天,香烟缭绕。

"先生,请用茶!"道姑李冶浅笑盈盈,一扫拂尘,轻轻用双手将一盏清茶递给面前端坐的处士陆羽。

法华寺原是禅宗初祖达摩的弟子齐尼道迹在弁山昼夜诵读《法华经》二十年不下山的道场。传说中道迹诵经时，"有白雀旋绕，若听法状"。道迹圆寂不久灵骨的宝龛忽生出青莲花，梁武帝萧衍于是下诏，敕建法华寺。

李冶原来在剡中玉真观出家，法华寺位于太湖南，寺近山巅，望太湖如在眼前，风景秀丽，人杰地灵，近年又新探得有不少茶泉，甚得喜爱茶诗道琴的李冶喜爱，于是搬来法华寺居住。

唐代女道士的生活并非只是青灯黄卷，寂寞深山，她们无夫无子，行为不受束缚，自由随意。道教中人男女交往比佛教自由，盖由不同的修行途径，道教重视即身成仙性命双修，此身的长生不老是终极目标。要想长生不老，一炼气，二食丹，三修术。男女同道中人时时自由交往、同修，同炼长生之术。

唐太宗曾下诏明示"道士女冠可在僧尼之前"，道教是唐朝的国教，人们趋之若鹜，唐代当女冠的什么人都有，上至公主、贵族，夫人、小姐进入道观修行者比比皆是，道士女冠享受十方供养，衣食无忧，又无劳役之苦，因女道士头戴黄缎道冠，故又称之为"女冠"。

唐代还规定，不是所有人都想出家就出家，出家人颇受人尊敬，不识字念经的人，即使出家官府也会定期强制还俗。这

对那些才貌双全的女冠们而言,不啻是条福音。女冠们自由自在地在山中常会名人雅士,品茶论道。

当不期而至的陆羽出现在她面前时,李冶并无特别留意,他见陆羽身着粗布长衫,其貌不扬,未出声,先脸红,讲话有些口吃,虽观其双眼精光内敛,但李冶并没在意。

"久闻李道姑色艺双绝,诗才俱备,如如何,也也未能免俗。此此茶,陆羽喝不得。"

当陆羽结结巴巴把话说完,李冶大吃一惊,这么多年,她号称第一茶艺师,多少公子大人排队等她煮茶都等不到,居然还有人初次见面即说她煮的茶未能免俗,而且不喝?

她瞪起眼睛,正欲开口。

陆羽手端茶杯,左右一看,一晃,一摇,一嗅,接着说道:

"道道姑煮的此茶为长兴啄木岭顾渚山野生紫笋茶,茶是好茶,名不虚传,只是可惜了。"

李冶一听,心中暗想:他光凭茶杯中的茶色就知道此茶产自啄木岭顾渚山也算是行家里手了。

正思量间,又听见陆羽缓缓说:

"紫笋茶绝品不在顾渚山,出自明月峡,明月峡与顾渚山、尧市山二山相对,石壁峭立,大涧中流,乱石飞走,茶生其间,此为紫笋茶绝品。"

李冶更为吃惊,她居住此地经年,一直以为野生紫笋茶以顾渚山为佳,年贡朝廷百余斤,如何明月峡还有绝品紫笋茶?

于是,恭敬起身打了一个稽首,说:"请先生赐教。"

陆羽忙站起身还礼,后坐下说:

"要煮好茶,先要观看茶叶,茶叶本身的质量、产地、采摘时间极其重要,再次是煮茶的水,哈哈此地茶泉甚好,三要留意泡茶的火候。刚才仙姑泡茶时,水嫩了,未开透。"

说着,陆羽把茶杯递给李冶观瞧:

"请恕在下冒昧,仙姑请看,您已是此地最上品的茶艺师,当知烹茶煮水之妙。茶水开时,小滚为鱼目,大滚为蟹眼,唯有鱼目与蟹眼,茶味方显现。适才仙姑煮水未曾开透,以致茶叶浮水,茶香未透,茶气未出,茶神未聚,故说仙姑此茶未能免俗,乃乃心神不宁,志不专一,心不从容所致也。"

李冶何等聪明之人,一闻即知遇见明师了,当即叹服,起身施礼,道:

"季兰才疏学浅,心比天高,无非井底之蛙,今日得见先生,一语惊醒梦中人,望先生不吝赐教。"

陆羽上下打量着她,心中怎么依稀感觉在哪里见过?

思索一阵,红着脸不好意思地问道:"仙姑祖籍何处?令堂何人?"

"小女季兰,名冶,峡中人士,家父为天台李文儒。"

"你,你,你是兰姐?你你你还认识在下吗?我是鸿渐啊!"陆羽像被电击了一般跳起,脸上青筋暴露,对着李冶激动地喊道。

刹那间,天昏地暗,李冶感觉心跳加速,她猛然想起了陆羽就是小时候青梅竹马的鸿渐兄弟。

开元二十三年(735年),竟陵龙盖寺住持僧智积禅师在当地西湖之滨拾得一个弃儿,收之为徒,智积禅师以《易》自筮,为孩子取名,占得《渐》卦,卦辞曰:"鸿渐于陆,其羽可用为仪。"于是按卦词给他定姓为"陆",取名为"羽",以"鸿渐"为字。

寺庙里难养孩子,于是禅师把三岁的鸿渐放在她家中寄养,她父亲李文儒和禅师过从甚密,父亲虽是饱儒之士但欣赏智积禅师,陆羽崇儒即受她父亲很大的影响。当时李冶已经六岁,他们一起长大,两小无猜。陆羽虽容貌丑陋,口不善言,但读书过目不忘,总是有一些独特的想法,父亲喜欢他,季兰更喜欢他。那时她喊他"渐儿",他喊她"兰姐"。

还记得七岁生日时,她生平第一次作《蔷薇诗》送渐儿:

"经时不架却,心绪乱纵横。已看云鬟散,更念木枯荣。"

没想到父亲见后长叹不已。陆羽九岁那年离开她家回到龙

盖寺,黄卷青灯、钟声梵呗中继续学文断字,习诵佛经,善制茶的智积禅师还教他煮茶识茶品茶,但小鸿渐就是不愿皈依佛门,削发为僧。记得父亲曾告诉她,有一次智积禅师要他抄经念佛,他却问禅师曰:"释门弟子,生无兄弟,死无后嗣。儒家说不孝有三,无后为大。出家人能称有孝吗?"并称:"羽将授孔圣之文。"禅师无奈,要他扫寺地,洁僧厕,践泥污墙,负瓦施屋,陆羽却并不因此气馁。

往事如烟,往事如烟啊,这一别已经快二十年了。李冶出家修道便十年余,难道,和渐儿之间还有未竟之缘?

李冶还在感慨万千中时,那边陆羽已经起身,一拉她的手,坚决地用不容置疑的声音说道:"兰姐,走走,跟我下山,我教你识茶。"

"渐儿,我还有行李没有收拾。"

"哈哈,兰姐,要要要什么劳什子行李?一切都重新开始吧!"

第一章 不二情

野外有一人,独立无四邻。
彼见是我身,我见是彼身。

一

"兰姑娘,你这是去哪?"

"王妈妈,我给先生送饭去。"

"昨日我见你带的馒头、蔬果又拿了回来。是不合先生口味吗?"

"王妈妈，先生没日没夜写书，昨天开始入定了，不吃不喝，我也是极其担心他的身体。"

此时的季兰，已经没有半年前风华绝代女道姑的影子了，只见她一袭素兰碎花的长裙，青丝挽起，素面朝天，干净利落，完全一个清新可人的小家碧玉形象，这不手提一个食篮，正要上山给她的渐儿送饭。

山脚下的村屋住着陆羽刚来湖州杼山脚下时路遇的一位老人家王妈妈，陆羽来湖州四处寻山找野茶，路过她家门口，讨口水喝，老人常年风湿，腿脚不便，陆羽见后教会王妈妈早晨起用野茶熏脸，调息静坐，不一时便满身大汗，湿寒尽出。不出一月，老人家的腿脚灵活了许多，感恩不尽。陆羽和妙喜寺皎然禅师结识一见如故，常来杼山探友，再一次路过她家时，王妈妈便留他住在家中。

陆羽巧遇季兰后，带她一起住在王妈妈家里，每日教季兰如何采茶、制茶、品茶、烹茶，又教她禅门功夫，王妈妈无亲无故，自是把季兰当自己女儿一般。姐弟两人久别重逢，季兰没想到鸿弟茶知识竟然如此渊博，惊叹之余，不禁加倍认真学习。

一晃半年过去。

三个月前陆羽单独移居好友诗僧皎然的苕溪草堂，结庐苕溪之湄，潜心闭门著述《茶经》。

诗僧皎然，杼山妙喜寺主持。

妙喜寺曾名妙峰寺，始建于南朝梁武帝大同七年（公元535年）夏五月，武帝以东方有妙喜佛国，因名之。旧寺在州西金斗山，唐太宗六年春二月移于杼山。

杼山位于湖州城西南三十里处，与龙溪、弁南三乡交界处，汉名"稽留"，晋称"东张"，其山胜绝，妙峰清幽。山中有奇绝山谷，谷一边是陡峭的山峰，另一边是湍急的苕溪溪流。

皎然来湖州后，定住于此，他爱诗、爱茶、爱友、爱禅，曾写《茶诀》、《诗式》。

苕溪草堂位于杼山山谷，周围原始密林中有许多野茶树，草堂建于山谷山腰处，有苕溪自山谷穿流，谷中斑斑翠竹，鸟语花香。草堂原是皎然独自坐禅的地方。

禅门坐禅的时候，首要"外息诸缘，内心无喘，心如墙壁，方可入道"。皎然禅师在妙喜寺传法，个人精进修行则会去往苕溪草堂，草堂不大，仅可容纳三至四人，禅师定期过来独自坐禅、品箫、炼气、炼功、安居、入定。

山虽不高，但少有人烟，常有野兽出没。

传说上古"有巢氏"居于九嶷山以南的苍梧，他游历仙山，得仙人指点而有了超人的智慧，受鸟类在树上筑巢的启发，他爱在树上筑巢。

皎然禅师也用树枝和藤条在草堂前一棵大松树的树干上筑了一个巢，筑巢的松树有近千年了，树身有三人环抱那么粗，近树根处还有一个树洞，兴之所至，皎然有时跃身上树，树上有几只松鼠开始时好奇地观察他，后来发现此人无敌意，便常偷看他坐着做什么，无奈这个和尚实在无趣，呆呆地一动不动，便不再理他，自己找松果玩去也。

皎然禅师有时也会在大树洞中入定，树洞仅可容身一人，山上原多蚁蛇，奇怪的是，自从禅师在此结庐，附近的毒蛇也不出没了，不知道搬去哪里了。禅师夜间常在巢洞中入坐，抬头望天空月朗星稀，清风自来，空中萤火虫飞来飞去，远处溪水潺潺之声入耳，不觉忘乎天地，浑然无我。

皎然禅师记得早年随师父习禅，数年后师父带他前往少室山达摩洞中坐禅百日。

出关后，师父指洞前两颗茶树对他说："徒儿，当年达摩祖师壁观九年，某一天，倦困已极，几近昏怠，蓦然惊觉后深为惭耻，扯下自己眼皮掷于地上，从此再无昏沉，在祖师掷下眼皮的地方长出此两棵茶树，后禅僧取此茶叶煮水，用以清神思治昏沉。你爱茶爱诗，可以'茶、诗'为法门契道，弘我禅

门。茶道、诗道的根本在于清心，清心便易获禅心。法喜禅悦至交接相互间，谨兮敬兮，寂兮廖兮。"

师父说完，飘然离去，皎然跪地不起。也就是那次以后，皎然移居湖州妙喜寺，以"文字般若"度人悟道，以"茶禅一味"参禅解惑。

和陆羽结识后，两人一见如故，不像禅师和儒生，倒像是失散多年的亲兄弟，亲人之间的感情很微妙，不同于社会上的朋友，这种感情的特点是平时似有似无，好像没有密友那么亲密无间，甚至在平淡的生活中还会出现倦意，可是一旦出现危险、困难，或者一方犯了错误，惹了麻烦，另一方不会厌弃，不会害怕，不会冷淡，而是自然出现保护对方的心态，越是险境越团结。

这种感情其实和血缘、和彼此的真实关系没有一定的关联，有些血缘维系的兄弟互相残杀，争权夺利，而又有许多异姓兄弟肝胆相照，义薄云天。

两人开始时仿佛有说不完的话，谈儒参禅，辩经说法，又有喝不完的茶，交换对于茶之源、器、气、水的各种见地，理解。过了几个月后，兄弟俩从不停地交流变成心心相印，一见面只饮茶，不说话，有时候是陆羽煮茶，有时候是皎然泡茶，相视一笑后便静坐，几个时辰后，起身行礼道别，仿佛在入静中得到了无穷的能量，体会了彼此的心。

这一日，皎然兴高采烈邀陆羽去看看他独自坐禅的苕溪草堂，饮茶参禅，没想到陆羽一入草堂，皎然烧的茶水尚未热，他便不自觉开始入静，感到周围万籁俱静，气场绝佳，突地灵感迸发。

"然兄！小弟想借此宝地写一部关于茶的经典，不知兄台可否移爱？"

"哈哈，鸿弟发无量心，开天地写茶之经，小僧自然无限欢喜，此地适合鸿弟静心写作，鸿弟中意，小僧欢喜。"

皎然立即站起身动手收拾出了一个小空间，供陆羽用度。他边收拾边乐道："鸿弟，这个私密藏地为小僧闲来无事的时候无意发觉，小僧有时不喜妙喜寺人来人往，施主学僧来去频繁，也是小僧修为不够，颇为害怕应酬，总喜独居，一日溯清溪而上，发现此地，阴阳交汇，是为清静之地，于是动手建屋，没想到此屋的因缘在鸿弟这里。哈哈，妙啊！"

陆羽连连作揖叩谢，他本身讷言敏行，大恩不言谢，对于皎然的大恩自不在话下。

当夜陆羽赶回山脚下的村庄，匆匆收拾简单用品，第二日季兰送他进山安居写作。

二

"洞中方一日,世上已千年"。

陆羽这一日如得神来之笔,书写采茶篇,挥笔写道:

"茶之芽者,发于丛薄之上,有三枝四枝五枝者,选其中枝颖拔者采焉。"

写到正精妙处,他的神思不觉飘游至茶山采茶的情景中。

每年农历二、三、四月,不同地区的茶人开始采茶。通常会在春分前喊山,即在惊蛰前三天开熔采茶之日,凌晨五更天之时,聚集千百人上茶山,一边击鼓一边喊:"茶发芽!茶发芽!"当真是夜闻击鼓满山谷,千人助叫声喊呀。万木寒凝睡不醒,春天时唯有茶树先萌芽,乃知此为最灵物,独得天地之英华。

茶人认定茶是一种有灵之物,采茶比植茶学问更大。再好的茶树,如果采摘失时,也是得不到好茶的。春茶谓之新茶,春茶的采摘,一般是在惊蛰前后,此时采茶最佳,采摘的节候,往往决定着成茶的品第,一般茶叶,采摘多在清明前后。

采茶其日其时有雨不采,晴有云不采,非晴朗之日不能采茶。撷茶以黎明,见日则止,太阳一出来,就不可以采摘了。为了控制采茶时间,有专人指挥开采和止采,采茶女以击鼓鸣锣为号,如出战一般,五更挝鼓,监采人入山,至辰刻则鸣锣聚之,恐逾时贪多。若闽广岭南,多瘴疠之气,必待日出山霁,雾障岚气收净,方可采摘。

采茶的技巧,主要是以指甲而不是以指头断茶,不可以指揉,茶人考虑到手上的气汗薰积使茶不鲜洁,特别在采茶时随带一罐新汲的井水,采茶芽后投入罐中清茶气。

一日清晨,陆羽和来探望他写作进度的皎然讨论何为"茶"时说:"以弟愚见,我欲将古书中'荼'字改为'茶'!"

皎然不觉一笑:"鸿弟有何高见?"

"茶者,人在草木间。草为至贱至多至旺至阴,木为至贵至稀至寿至阳,此二者交汇与人,是为'茶'也。"

皎然道:"善哉!鸿弟说得好!"

陆羽对着皎然拱手道:"小弟愿闻然兄高论。"

"不敢,小僧认为,草为茶树之叶,木为茶树之根,以茶叶汲取天之气，以茶根摄取地之华，而采茶之时，人为截断叶与根之系，故茶命断于人也。此其一。"

陆羽点头称是："此故茶人对采茶要求甚为严格，许多茶山采茶非少女不可采。"

皎然笑道："此皆世人知其然不知其所以然，少女如无心，与妇人何异？采茶时如人心和茶心不合，少女也好妇人也罢，无二分别。"

陆羽也笑："那然兄的意思是，谁都可以采茶？"

"非也非也，茶之神、茶之精在于采茶时采茶人当下的心。如果当下的心为了赶时间、赶数量无法与茶树相应，那采下之茶是死茶、断茶。"

"哦，那如果相应了又如何？"

"如果相应，不是人断开了茶叶和茶根，而是人将茶的灵气，天地中汲取的能量持续保存下来，新茶经过日光萎凋、炒青、杀青、揉捻、发酵等各种不同的制茶工序后，进入休眠期，好像僧人坐禅入定一般。"

陆羽饶有兴趣地听着。

"此时休眠之茶，如遇因缘和合之茶人，人茶同心，用滚水激活休眠之茶，茶水在茶人舌上复生，是为死去'活'来的'活'。"

"大妙！此'活'字用得果然是妙"陆羽拍腿大笑道。

茶之芽者，发于丛薄之上

"故，茶字第二解为，草头是为天气，木根是为地华，天与地的能量在人中复生，天地人合一是为'茶'，此物为天下第一等灵物，可饮，可嗅，可洗心，可契道也。"

陆羽站起身握笔写了一个大大的"茶"。

皎然继续说道："断茶命者，人也。复茶命者，亦人也。"

说罢，大笑起身回寺了。

皎然走后，陆羽想着茶山采茶之境，想着皎然授茶之道，这不知不觉入定已经三日了。

他入定时正好右手持笔，左手架放在木窗外面。季兰每日上山送饭，开始见他入定，心中满是欢喜，想渐儿肯定又有神来之笔了。

待到第二日上山，看他还是一动不动，饭没吃，身没挪，左手架在窗户上，晚风吹得窗户一次次不断敲打手臂，已见血，季兰就开始着急了。

她是修道之人，知道入定的人不可打扰，否则走火入魔、岔气失神可能有性命危险。可是放着他一人在深山草堂，大开门窗，她又不放心。

陆羽搬来山上草堂著作时曾告诉她，每天除一次送饭时间外，不可过来打扰他，他想尽快完成此前无古人的《茶经》。但今天这种情况，她如何可以放心离开？

三

杼山上有一群野狼,他们就住在草堂不远的谷底。

山谷的深处,有一个狼群的大洞穴,洞穴外面荆棘丛生,杂草齐人高,所以不易发现。

狼王是条四岁左右的壮年狼,一年多前皎然禅师在山腰搭建起草堂,狼王就发现了,禅师独居于草堂、树上、树洞,狼王曾带几头公狼悄悄过去观察过几次。

狼是群居的动物,它们通常七八只为一群,在狼王的指挥下集体猎食。每只狼在群中的地位都不同,狼王在群中有绝对的权力,决定着食物的分配,纷争的平息,后代的繁殖,对母狼的拥有权;其余狼无条件服从领导,即使狼王派出的任务可能送命,也毫无怨言。狼群中极少内斗。

狼群在猎食时如同带兵打仗一样,智慧顽强、视死如归。有潜伏、有侦察、有诱敌、有扰心、有包围,战术变化多端,残酷的生存环境,猎人的不断袭击,磨练了狼坚韧的性格,它们行动时冷静和理智，从不盲目出击。

狼群的食物主要以蹄类野生动物为主，食物充足时，狼很少去危害家畜，攻击人类，只有食物紧缺时，为了生存，或者为了报复猎人对狼群的打击，掏狼崽、抓母狼等，狼王才会冒险对家畜、人类发动偷袭。

这是人类永远无法征服的灵性动物，它们聪明冷静，即使面对生命的终结，在狼的眼中也看不到乞求和哀怜，只有孤傲冷漠！壮年狼群猎食离去的现场，会故意留下一些食物供那些缓慢赶来的老残同族充饥。

狼王之前数次来到草堂，发现皎然禅师气场稳定，动物天生对气场极其敏感，所以几次之后，狼王就不再过去草堂附近。狼群和禅师之间相安无事。

这次有些奇怪，狼王前天开始发现草堂方向飘过来的空气中有血腥味，子夜时，狼王带着二匹公狼潜伏过去。它发现以前气场极强的那个人不在，另一个人身体端坐在窗前，一动不动，手架在窗台上，窗户被风吹得不断在敲打他的手，但他浑然不觉，好像已经失去知觉一般。狼王感觉虽然此人很有能量，但现在受了伤，很虚弱。

狼王留下二匹公狼继续观察，自己回洞中。

次日清晨，二狼回洞，汇报情况，一日无话。

第二天血腥味加重了，狼王再次亲自过来查看，发现多了一个女子，女子身上气场不稳，忽强忽弱，着急地坐在男子对面，呆望着他。

伤口被窗户持续敲打着，血越流越多，但奇怪的是，那女子不敢去搬动男子的身体，也不敢擦血。

狼王有些纳闷，留下前晚侦察的二匹狼继续观察。

窗外的动静，陆羽不知，季兰也不知，她的心思已经完全被渐儿带着不知道跑到哪里去了。看到他手臂不断流血，季兰茶饭不思，既不敢出声叫醒他，又不敢去移动他。

修定之人，最怕在定中岔气，一旦入定，体温降低，心跳、呼吸减弱，对身边事物无知无觉，没有抵抗力，所以季兰看着流血的伤口尽管急得上火，却也丝毫没有办法。

她曾经想过去找皎然师兄，但一来陆羽没有正式引见她见皎然，鸿弟说她的"丹阳手"功夫过了五成，便可见禅师了。所以她不太好意思冒失地去打扰和尚清修，二来丢下鸿弟一个人在这里，她不放心。

现在怎么办？如果平时入定没有什么好担忧的，在一旁守着就可以了，如今这不断流血的手臂是大问题，她悄悄把击打手臂的窗户固定住，但伤口还是在流血，把季兰愁得上天入地的。

转眼又是一天过去了，陆羽还是完全没有出定的样子，有时嘴角微笑，有时眼珠转动，季兰一步也不敢离开，呆呆地守着这定中的渐儿。

月亮升起来了，今天是七月十五，月圆之夜，月光透过树叶斑驳地洒在草堂地下，季兰多点了几支蜡烛，轻轻地翻看着陆羽这几个月来的书稿，看着看着，她不觉被神妙的文字带进了茶境：

"其水，用山水上，江水中，井水下。其山水，拣乳泉石地慢流者上，其瀑涌湍漱勿食之，久食令人有颈疾。又多别流于山谷者，澄浸不泄，自火天至霜郊以前，或潜龙畜毒于其间，饮者可决之以流其恶，使新泉涓涓然酌之。其江水，取去人远者。井取汲多者。其沸如鱼目，微有声为一沸，缘边如涌泉连珠为二沸，腾波鼓浪为三沸，已上水老不可食也。初沸则水合量，调之以盐味，谓弃其啜余，无乃而钟其一味乎？第二沸出水一瓢，以竹筴环激汤心，则量末当中心，而下有顷势若奔涛，溅沫以所出水止之，而育其华也。凡酌置诸碗，令沫饽均。沫饽，汤之华也。华之薄者曰沫，厚者曰饽，细轻者曰花，如枣花漂漂然于环池之上。又如回潭曲渚，青萍之始生；又如晴天爽朗，有浮云鳞然。其沫者，若绿钱浮于水渭，又如菊英堕于鐏俎之中。饽者以滓煮之。及沸则重华累沫，皤皤然若积雪耳。《荈赋》所谓"焕如积雪,烨若春敷",有之。第一煮水沸,而弃其沫之上,有水膜如黑云母,饮之则其味不正。其第一者为隽永,或留熟以贮之,以备育华救沸之用。诸第一与第二第三碗,次之第四第五碗,外非渴甚莫之饮。凡煮水一升,酌分五碗,乘热连饮之,以重浊凝其下,精英浮其上。如冷则精英随气而竭,饮啜不消亦然矣。茶性俭,不宜广,则其味黯澹,且如一满碗,啜半而味寡,况其广乎!其色缃也,其馨佳也。其味甘槚也;不甘而苦,荈也;啜苦咽甘,茶也。"

正在茶境中陶醉时,突然听到门外一阵"嘈杂声",季兰是修道之人,知道不好,有危险!忙放下书,起身推门往外看,这一看,不禁倒吸一口凉气。

门外约百米开外,黑漆漆的树林里,四面八方闪烁着十几只绿幽幽的火苗。看到她推门,绿火苗趴低了。

季兰知道是狼,赶忙关门进屋,吹灭蜡烛,凝神静气,思考对策。

门里门外一片沉寂,仿佛刚才在梦中一般,根本没有什么危险,也没有什么野兽,一切都是幻觉一样风平浪静。晚风继续吹动窗户,窗户上卷起的竹帘啪嗒啪嗒随风作响。

万籁俱静,除了晚风吹动竹帘单调的声音,季兰听见自己

"怦怦"的心跳声。

快一个时辰过去了，月亮顽皮地从树梢的一边移到了另外一边。

季兰突然听到门外一声长啸。

狼的嚎叫如同古代军旅的号角，是彼此传递信息的方法。

一阵腥风从窗外飘来，季兰手无寸铁，拿起一个茶杯，吊足丹田之气，站起来从窗户将茶杯向第一匹发动的狼的右眼飞过去。

一声哀鸣。

第一匹狼跌在门前，夹着尾巴退回去了。

又是一片死寂。

季兰看到第一匹狼退下，忙双手抓住两个茶杯，站立窗前，死死地盯着外面。

全无声息的黑夜，风继续刮着，血从陆羽的手臂上不断地流淌着，季兰看着渐儿这张失血苍白的脸，心中默想：

"渐儿，我们在一起，您可以在书写《茶经》的时候入灭，而我陪着你一起走，也算我们姐弟的大福报。"

不知道过了多久，狼群又是一阵长啸，季兰也想同狼一样长啸几声，抒发此刻胸中的苍凉与无奈。

高亢悠长的狼嚎在空灵的山谷中回荡，声音忽远忽近，忽高忽低，摄人心魄，季兰不敢怠慢，手握双杯，竖起耳朵，瞪圆双眼，仔细注意着外面的变化。

突然，三匹狼从不同方向腾空跃起，后面的狼紧跟其后，绿幽幽的眼睛发着清冷的寒光。

季兰双杯出手，打最近的两匹狼的狼眼，打完茶杯，感觉手中一空，急切中抓起身边铁制大茶壶，平抛出去，正中第三匹狼的肚子，只听又是三声哀鸣。

一切复归于平静，三匹受伤的狼一瘸一拐退了回去，季兰瘫了下来。她虽然修道近十年，但毕竟是女子。

半年前陆羽为她专门创立了一套"烹、煮、擂、飞"茶艺功，可谓天下第一茶功。除了掌握烹、煮茶的技艺，进一步对茶的性、质、产地、特点以及煮茶之水的了解、运用外，陆羽还传给她两门特别茶功配合禅门心法：

"擂茶"和"飞茶"。

"擂茶"又称"三生饮"，由生米、生姜、生茶叶组成，称"三生"。米，是优质的糯米；姜，用辛辣的老姜；茶叶，须是未经发酵的晒青绿茶，要求叶片大，相对老而不是嫩芽。

首先将生米置入擂钵将其捣碎；生米擂好后，再将生茶叶置入擂钵擂碎。最后擂生姜，姜放在最后擂是为了更好地发挥其效果。在擂钵里擂、捣的过程中，木棒上面的木屑也与"三生"融合在一起，更具清香。

季兰体内寒气重，少时胃肠虚弱，大便不通，修道家导引法后，胃肠功能恢复了，但体内寒湿仍然较重，有时情绪不稳，脸色暗淡。陆羽让她喝擂茶即能消暑驱寒、释烦去瘴、解渴提神，又以擂功配合禅门心法修炼。

炼习"擂茶"功前，陆羽拿给季兰一本皎然赠与他的《达摩易筋经》，季兰翻开一看，见上面写道：

"佛祖大意，谓登正果者，其初基有二。一曰清虚，一曰脱换。

能清虚则无障，能脱换则无碍。无碍无障，始可入定出定矣。知乎此则，进道有其基矣。

所云清虚者，洗髓是也。脱换者，易筋是也。

其洗髓之说，谓人之生，感于情欲。一落有形之身，而脏腑、肢骸，悉为滓秽所染。必洗涤净尽，无一毫之瑕障，方可步超凡入圣之门。不由此，则进道无基。

且云易筋者，谓人身之筋骨，由胎禀而受之。有筋弛者、筋挛者、筋靡者、筋弱者、筋缩者、筋壮者、筋舒者、筋和者，种种不一，悉由胎禀。如筋弛则病、筋挛则瘦、筋靡则痿、筋弱则懈、筋缩则亡、筋壮则强、筋舒则长、筋劲则刚、筋和则康。"

陆羽告诉季兰，禅门功夫以达摩祖师传下的《洗髓》、《易筋》二经为代表的禅瑜伽功，达摩祖师就是大瑜伽师，其中易筋之法乃禅门秘法。

"筋乃人身之经络也。骨节之外，肌肉之内，四肢百骸，无处非筋，无经非络。联络周身，通行血脉，而为精神之外辅。如人肩之能负，手之能摄，足之能履，通身活泼灵动者，皆筋之挺然者也。岂可容其弛挛靡弱哉？"

季兰本来就修道十年，对道家导引之法，深得其要。

季兰幼时即通《内经》，知人体中有，"金、木、水、火、土"五行，对应"肺、肝、心、肾、脾"五脏，五脏加"心包"此六者属阴；另外与"大肠、胆、小肠、膀胱、胃、三焦"互为表里，此为对应之"六腑"，属阳。

五脏六腑加心包，是为十二正经。

"任、督、冲、带、阴维、阳维、阴跷、阳跷"是为"八脉"。

此八脉不属正经阴阳，无表里配合，别道奇行，称"奇经八脉"。除此之外，人体还有"奇恒之腑"，包括："脑、髓、骨、脉、胆、女子胞"，此六腑属地气之所生，故藏而不泻。

出家入道修行后，师父开始让她修炼导引吐纳功。

吐纳即为："凡吐者，去故气，亦名死气；纳者，取新气，亦名生气。"吐出的是故气，又叫死气。吸入新气，故名生气。

"导引"原名"道引"，古之"导"字为"䢔"。《管子·中匡》曰："道引血气，以求长年、长心、长德，此为身也。"

《庄子》云："吹呴呼吸，吐故纳新，熊经鸟伸，为寿而已。此导引之士、养形之人、彭祖寿考者之所好也。"

彭祖寿八百岁，精导引，修丹道、通神明，西出流沙，不知所终。古传《彭祖摄生养性论》云："关节烦劳，即偃仰导引。"

师父教她如何将全身之气引入丹田，再由丹田导引气血运行至全身，最后下引至肛门部位，令肛门周围肌肉交替收缩和松弛。

修道前，季兰多年腹胀大便不通，师父说治大便不通，仅二十二字要诀："龟行气，伏衣被中，覆口、鼻、头、面，正卧，息息九道，微鼻出气。"她依法行功二天，即见效。后每日修炼导引吐纳。

陆羽告诉她，禅门炼筋坐禅修气功夫与道家修法有区别，皎然的禅门功夫出神入化。

皎然曾谓陆羽曰："达摩祖师云：'灵魂欲其静而悟，躯壳则欲其健而通，非静则无以证悟，非健则无以行血而走气。

故体须勤劳得中，使筋畅神清，而后灵魂无拘滞痿弱之苦。'中土之人偏重坐禅，故达摩祖师传《洗髓》、《易筋》二法，动静相宜助禅者打通经脉。"

故，"洗髓者，欲清其内。易筋者，欲坚其外。如果能内清静、外坚固，登寿域在反掌之间耳，何患无成？"

季兰修炼后，功夫见解一日千里，修着修着突然悟到了道家修炼与禅门功夫的相通之处。

"擂茶"术修炼不到两个月便获得鸿弟的嘉许。

陆羽传给她另外一个特别的功夫是"丹阳手"，包括了"飞杯"和"飞水"两种功夫。

"飞杯"是指烹茶者将装满茶水的茶杯平稳缓慢地飞至各位饮茶人面前，茶水不可晃动、溢出，这叫"丹露乾坤"。

对方喝完茶后，将空杯置于身前，此时，需"飞水"。烹茶者再次轻点茶壶，将滚开的茶水遥遥轻点入对方杯中，这叫"凤头点水"。

"丹阳手"要求气力均衡，分寸拿捏，毫厘不差。

无论对方座位的远近，需平稳将茶杯、茶水送至对方面前，杯是普通茶杯，壶是常见茶壶。施功全靠烹茶者丹田之气，平静之心。

适才季兰退狼用的就是"丹露乾坤"的功夫，平日练习需在每日三个时辰擂茶的基础上，配合易筋心法修炼此功。

陆羽搬上山前曾说她进步快，此功已成就三成功力了。

"丹阳手"如练至五成，施功者可将茶杯用气稳定在对方胸前一寸处，无需固定，饮者喝完将茶杯放手，茶杯还是稳定浮在胸前半空中，烹茶者将茶水凌空注入空茶杯，这叫"月印千江"。此功练到此，一花一草皆可防身，只是季兰还没有练就这般境界。

一晚上的四次搏击，季兰毕竟是个女子，她不害怕自己深陷狼嘴，她怕狼伤害渐儿，过分的紧张，让她感觉浑身无力，她瘫坐在地上，看着如如不动、脸色灰暗、血流不止的鸿弟，心中默念着观音菩萨，道德真君，各路山神，大慈大悲，救救渐儿吧，请狼王回洞吧，它不回去我愿意替渐儿被狼吃了，让他继续写《茶经》吧。

但这一次，狼王没退，它已经知道门内女子的气力快耗尽了。

是时候它亲自出动了。

当季兰清楚地看见门外一匹巨大的狼影慢慢靠近，然后腾空而起时，她知道一切结束了，这一刹那，她下意识地扑在渐

儿身上,用自己的身体覆盖着无知无觉的亲人。

季兰面带微笑,闭上了眼睛。…

四

不知道过了多久,该来的疼痛、分离、肆掠、袭击都没有出现,云淡风轻,除了竹帘的"啪嗒啪嗒"单调的声音,好像什么都没有发生过一样的平静。

季兰感觉自己听到一些声音,悠悠醒转,点上一根蜡烛,看见渐儿失血过多青灰暗淡的脸并无太大变化。突然,她看见书台上有一行新字,字迹未干:

"有三枝,四枝,五枝者,选其中枝颖拔者须焉。其日,有雨不采,晴有云不采;晴,采之,捣之,拍之,焙之,穿之,封之,茶之干矣。"

这分明是渐儿的笔迹,这这这,难道刚刚渐儿醒过来了?是他所写?那狼呢?莫非是渐儿退的狼?

她刚才迷迷糊糊时确实听见屋内有响动,可是现在渐儿怎么还在昏迷呢?

看着渐儿,她逐渐恢复了思考,明白过来:刚才肯定是渐儿听到动静苏醒了,醒后立即将入定中思索到的妙文一鼓作气写了下来,但体力不支,写着写着又晕迷了。

渐儿啊!你果真是"茶人当可为茶生,亦可为茶死"啊!

那狼呢?

这么想着,她站起身,往窗外观瞧,十几只绿幽幽的眼睛不见了,硕大的巨狼不见了,她再定睛一看,草堂前的松树洞中好像有一个人影。

季兰慌忙推门出去,但见一个灰袍僧人,头戴僧帽,安静地坐在树洞中运气。洞前摆放着一根铁制禅杖。

季兰忙施礼,问道:"请问是皎然师驾临吗?"

僧人抬起头来,颔首对她一笑,没有讲话。

过了一会儿,他从洞中起来,将禅杖靠在草堂门口,脱鞋进了房间。

季兰跟进房间,关门挨着墙坐下。

只见禅师已将陆羽歪曲的身体放平在地下。

接着他面向陆羽,右手持背囊,脊背直立,笔直缓慢坐下,在陆羽身侧双脚自动结双盘坐。

安坐后他闭目调息,感受陆羽身上的气血运行。片刻,他用左手将背囊打开,取出一个大碗,接着拿出一个小木桶,打开木桶盖,倒出一些茶叶,托在手里。

转身对季兰说道:"请兰姑娘给小僧取些清水来用。"

季兰急急出门,在门前水缸里取了一瓢清水来。

只见皎然将水放入碗中,凝神屏息,双手掌心托起茶叶,茶叶在他手里像会舞蹈一般,一片一片慢慢飘起,然后结成团,一起左转,再一起右转。

转了一会后,皎然将双手从托的状态改为凌空抱球状,茶叶又在球中心开始旋转,并且越转越快,越旋越高,越拉越长,最后,茶叶开始一片一片从高处飞舞入碗。

每片茶叶飞一次,一旁目瞪口呆的季兰就心跳加速一次。

她坐在皎然身侧,看着这位传说中的禅师,脱去僧帽的皎然,一缕月光正照在他清亮的头顶,散发着淡淡的眩晕的光环。月光下他清秀俊朗的面孔、青灰的僧袍更是衬托出他质朴高洁之韵。

茶叶在他掌中舞蹈,季兰的心也跟着一起舞蹈。

她没有想到初次见陆羽日日不离口的"然兄"会是这般光

景，更没想到皎然身上有这般摄心夺目的光彩，这令季兰怦动的光彩如同身处黑暗的人突见一丝光明一般吸引着她。

她怦然心动，一种少女般的情愫油然而生，她忘记了自己的处境，忘记了此刻鸿弟还没有转危为安，忘记了刚才惊心动魄的人狼大战，天地时空仿佛停滞了一般。

茶叶一片一片飞进注满清水的碗中，碗中的水渐渐变成青绿色，过了一会儿，又从青绿色转成墨绿色，皎然双手结定印对着茶碗不动，此时能听见茶叶在茶碗中翻动的声音和陆羽均匀的呼吸声。

再过了一会儿，季兰看见墨绿色的茶气从碗中徐徐螺旋升起，在虚空中气慢慢凝结成鸡蛋那么大的气丸，气丸缓缓飘向鸿弟丹田处，皎然始终面色恬静，闭目不动。

不久，茶气的芬芳在草堂弥漫开来，随着墨绿色的茶丸一颗一颗飘进鸿弟身体，季兰看到他的脸色由青转灰，由灰转白，由白转红。

也不知道过了多长时间，皎然长出一口气，睁开眼，对季兰微微一笑：

"小僧今晚耳闻狼嚎赶来草堂时，姑娘和鸿弟已是危在旦夕，这些野狼平日和小僧相处甚安，谁知鸿弟入定，误伤手臂，出血过多，将狼吸引过来。"

"皎然师慈悲！救命之恩，无以为报！"季兰说着拜伏在地，叩首感恩。

皎然看了看书台上潦草的文字，点了点头，说："兰姑娘不可多礼，小僧惭愧不已。鸿弟心入茶经，已人经合一，物我两忘，如此境界，实在让人心仪。"

"季兰惶恐。"

"鸿弟已是无碍，气息平稳，只是血流过多，伤了元气，静养二日即可恢复。"

皎然站起身来，合掌告别：

"小僧这便告辞，鸿弟明日午时便会苏醒，他入境太深，出来后自会收获灵思妙想，兰姑娘不必担心，您今晚受惊，需调养一下，观姑娘气色，似是已练习易筋功夫，明日将十二式易筋功多习练几遍，姑娘自会恢复气力的。"

"师父教诲的是，渐儿教授季兰习练易筋十二式五月余，通体轻安。"

"好，就此别过。"

说罢，皎然出门，戴上僧帽，拿起禅杖，消失在皎洁的月光中。

这一切犹如一场梦，来得太突然，太直接，太迷离。

遭遇皎然，对于季兰应是意料之中，但意外是如此遭遇，

更意外是遭遇后的心潮翻滚,这飘渺酸甜的情愫,如蒲公英在风中播种,挥之不去,月光下皎然离去时特立独行的背影,萦绕于心,随风不散……

第二章 道可道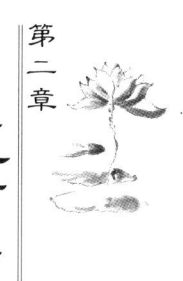

"千峰待逋客,香茗复丛生。采摘知深处,烟霞羡独行。幽期山寺远,野饭石泉清。寂寂燃灯后,相思磬一声。"

一

"苦菜,一名茶……凌冬不死,三月三日采干。"

苕溪草堂,陆羽低头奋笔疾书。

历经半年,《茶经》已写完三篇,陆羽对入经的每一个字都反复推敲。

"渐儿,还在用功?咱们过几日该去采茶了吧?"

看到陆羽夜以继日不眠不休地写作,季兰进门便忍不住开口问道。

陆羽闻声抬起头来,看到季兰一袭白衣,长发及腰,浅笑盈盈,右手挎着食篮,飘然站立门口,犹如画中的观音菩萨一样。

陆羽笑道:"哎呀兰姐越发美丽了,鸿渐不敢直视。"

说着,站起身伸个懒腰,接着说道:

"是啊,到采茶的时间了,'茶人'当需负具采茶也。"

"好啊,自从去年下山跟渐儿学习演练茶道、茶艺和禅门功夫,季兰一直盼望着自己可以进山和渐儿一起采茶,做一回采茶女。"

一听渐儿同意去采春茶,季兰兴高采烈地说着。

"兰姐,你知道采茶有哪些禁忌吗?"

"知道啊,渐儿之前告诉季兰,上品茶产高山之巅,受浩浩然阳光孕育,千万年地气滋养,秉天地灵华,吸云雾芳烈。"

说着,季兰想了想,又说:

"故采茶制茶,最忌手汗、体膻、口臭、多涕、不洁之人及月信妇人。茶性高洁,恐污秽之气入茶。"

见陆羽在听,季兰开心地先把饭菜从食篮里拿出来,摆放整齐。

今天的饭菜是王妈妈亲自做的,一碗香喷喷的白米饭,一钵红彤彤的笋干烧肉,一钵黄灿灿的清炒鸡蛋,还有一小碟清香的雪里蕻毛豆。

陆羽虽是湖北人士,但移居浙江后,甚喜江南精致的饭食,也适应了略带甜味的菜肴。饭还没有摆完,他已经迫不及待地拿起筷子开吃了。

他平时写作浑然忘物,不知饥渴,有时竟然季兰来送饭都不知道,季兰只好把饭菜放在一边,自己下山回去。

他偶尔写作饿了,自己便煮茶了事,吃些茶叶,肚中便觉半饱。

此刻陆羽一夜神来之笔,佳句迭出,心情大好,腹中正觉饥饿,猛然闻到浓郁的饭味,顿时食欲大开,季兰疼爱地看着他狼吞虎咽。

看看吃得差不多了,季兰便安静地去一旁烧水,然后很认真地接着说道:

"季兰原来在观中修道时,曾听闻古时有皇帝,特别要求他喝的贡茶必须由十六岁以下处子用嘴咬下,这些年轻貌美的处子在茶山贝齿轻启,将茶尖轻轻咬下来放入胸前小兜里,趁茶尖体香未失时,赶快入锅炒制。这样,茶里就含有处子之香。"

"哈哈,兰姐也爱此种处子茶吗?"陆羽边吃边听,听到此处,忍不住放下筷子,抿嘴失笑。

季兰的脸瞬间红了,忙道:"非是季兰爱此种茶,季兰不过曾道听途说,转述而已。"

"哦,兰姐随我习茶近一年了,对鸿渐的论茶之道耳熏目染,道听途说之词,兰姐莫再提吧,处子与妇女区别在心不在身,心不净茶不清,请兰姐说说鸿渐对采茶的理解如何?"

"渐儿最早的茶文中有说采摘茶叶,一般在农历二月、三月、四月的时候,并一年只采一次,清明前采者上,谷雨前采者次之,此后皆老茗尔。故早采者为茶,晚取者为茗。"

陆羽微笑地听着。

"春茶一般在惊蛰和春分期间开始萌芽,清明前即可开采。由于明前气温较低,茶树发芽少,故明前茶颇为珍贵。贡茶求早求珍。"

炉上的铁壶开始"吱吱"做声,季兰将茶具准备好,正准备烹茶,陆羽摇了摇头,自己走了过来,于是季兰接着说道:

"茶分为社前茶、火前茶、雨前茶三种。

社日大约在'春分',比'清明'早半个月,这种春分时节采制的茶叶更加细嫩和珍贵，咱们这里的紫笋茶，当属'社前茶'了。采后立即用快马日夜兼程运到长安，少说也得十天半个月，赶宫中'清明宴'所用。"

陆羽微微颔首。

"火前，即明前，古人在寒食节禁火三日，三日内不生火做饭，故称'寒食'，寒食为'清明'前一天，因此'火前茶'就是'明前茶'。火前嫩、火后老，明前一日采制的春茶最好，过早太嫩，过迟太老。"

陆羽微笑嘉许之。

"雨前，即指谷雨前采制的茶叶称'雨前茶'。雨前茶虽不及明前茶那么细嫩，但由于这时气温高，芽叶生长相对较快，雨前茶往往滋味浓郁而耐泡。"

季兰越说越高兴：

"渐儿常对季兰说采茶贵在时间。太早味不全，迟了散神。茶芽紫最好，面皱次之，团叶又次之。折采时需彻夜无云，早上带露采摘最好，见阳光即停止采茶，阴雨天气不采摘。茶又以生长在山谷中的野茶最好，竹子下的次之，烂石中的又次之，黄沙砾中的茶树最差。"

陆羽听着点了点头，铁壶的水烧开了，便道：

"兰姐，今天的茶由鸿渐来烹，我这里正好有宜兴产'阳羡茶'，您以前未曾品尝，今天煮些来喝。看看同您喜欢的长兴顾渚紫笋茶比起来，哪个更入口？"

早春三月，莺飞草长，土地上散发出青草的幽香，草堂前的竹林里长出了采不尽的春笋，树上的小鸟每天叽叽喳喳叫个不停，一片春意盎然。

陆羽的身心一入茶事，便默然无言，只见他等煮沸之水出现鱼眼大的气泡，并微有声时，此为"一沸"，此时加入少许的食盐，然后舀出一点尝尝味道。继续煮，当水连珠般的气泡向上翻滚时，此为"二沸"，他细心地先舀出一瓢滚水备用，然后用竹荚有节奏地向同一方向搅水汤，当中心出现旋涡时，取一茶勺茶末于沸水中心投下。

不多一会，茶汤腾波鼓浪起许多茶沫，此为"三沸"，这时陆羽将刚才舀出备用的水又浇进去，以制止其沸腾，使茶汤生成精华。此称为"救沸"，待精华均匀，茶汤便好了。此便是"惟兹初成，沫成华浮，焕如积雪，晔若春敷"之时。

陆羽专心烹茶，出茶沫时他转身以眼示意季兰，烹茶时不可等水煮老了投茶，也不要煮茶时在锅内急促、慌乱地搅动。茶人需知时机，知时而动。采之以时，造之以时，投之以时，瀹之以时，饮之以时。

不一会草堂内便茶香沁心，茶气袅袅，季兰感觉到这馨悦美好的时光，充满诗意灵性。品茶品的是茶境，茶境无拘无碍，自具清香。

"兰姐，此茶如何？"陆羽嗅着茶香，意犹未尽地问道。

"芳香冠世，是为上品。"

"烹茶首先在火候，柴火要旺，火亦有文武之道，过文，水性揉，揉则水为茶降；过武，火性烈，烈则茶水为水制，都不足以中道不二。"

停了一下，陆羽说道：

"茶汤有三大辨，一形辨，二声辨，三气辨。形是内辨，声是外辨，气是捷辨。如虾眼、蟹眼、鱼眼、连珠，都是萌汤。直到煮沸像腾波鼓浪，气直冲贯水气全消，才纯熟。此茶产自宜兴龙山，鸿渐去时，见龙山清幽，山中有武陵洞，石乳凝结，若幢幡羽盖状，及泉瀑飞注，榛莽蒙密，人迹罕至，洞外野生茶树遍及，便是这自采的野生'阳羡茶'了，此茶香郁醇厚，鸿渐喜之，欲写入《茶经》。"

季兰点头称是。看季兰把第三杯茶拿在手中，专注听他讲话，陆羽说道：

"茶宜热饮，煮好的茶汤香气浓郁，滋味醇厚鲜爽，回味甘甜，热饮会喝到浮在茶汤上面的精华；冷了再喝，茶精会散发掉。"

季兰忙把手中的茶趁热喝下，感觉唇齿留香，喝完茶，她问：

"渐儿，何为茶精？"

"茶精是茶叶看不到的精妙能量,也是最容易在制茶、煮茶时忽略的能量。"

季兰饶有兴趣地歪着头,听着:

"茶精有几解:左边的米代表茶为饮食一种,以茶为食之意。"

季兰点头说:"季兰知道,古时有僧以茶为食,几年不吃五谷。"

陆羽笑笑说:"茶不仅可为饮食,右边的青字可是有两层意思,第一层意思是青春之意,人得茶精,与茶相应可恢复身体的年轻活力。"

季兰惊讶地问:"这是回春之法吗?"

"哈哈,茶精不是功法,是天地的灵气蕴藏在茶中的能量被激活后给茶人带来的活力。如配合道家吐纳导引之功,可以事半功倍,相得益彰。"

"哦,原来如此。"

"青的第二层意思是青山流水,所谓青山流水便是道法自然,茶生于自然,获天地灵气,如得茶气、茶精可使饮者气血通畅,身体如青山流水一般神清气爽,我们身体的问题,多来自于气血不畅,故好的茶气可助周身气血运行。"

季兰说:"是啊,有时候饮茶时,几杯茶下去通体大汗,好不畅快。"

"茶是天地中的灵物，采、作、煮、饮时皆要和茶气、茶精相应，便可得茶神。茶在茶人的茶水中复生，水在舌上复活，便是然兄常说的'活'字了。"

"妙啊！渐儿真是天下第一等茶人也！"季兰拍手称赞。

"鸿渐还欲在龙山之阳，罨画溪之畔，修一茅棚，与此地交复来往，时时可去探茶，兰姐以为如何？"

"渐儿如此雅致，季兰欢喜。"

二

纤腰玉指黄罗绮，笑语如莺。笑语如莺，一曲清歌一抹情。
星眸贝齿春花灿，脸慢盈盈，脸慢盈盈，唱罢江郎唱玉卿。
东风借道寻桃李，遍访春山。遍访春山，何处茶香入翠鬟。
飘飘袖摆纤纤指，步履姗姗。步履姗姗，醉倒茶园梦愈欢。

去年，春旱少雨，春茶上得迟，今年以来雨水不少，却遭遇春寒。早发出的第一茬芽头被冻死了，影响了春茶采摘的时

间。茶人最大的心愿便是风调雨顺。

在季兰的想象中采茶是一件很浪漫的事。

约好第二天清晨和鸿弟一起采茶,天黑以后她兴奋得睡不好,今晚鸿弟让她留宿草堂,自己去门外松树上然兄打坐的树巢中休息。

入夜前,季兰先是在树巢中安放一些干草,然后自己回草堂。

她在地上铺了两床棉被,睡在蓬松柔软的被子里,突然感觉到无比的放松和幸福,她躲在被子里,鼻子里充满了茶和墨汁的香气,一下子睡不着,就起身推开窗看着外面,一轮明月当空,晚风清凉,依稀看着渐儿在树上的身影。

她嘴巴里哼起了采茶小曲,想象着明日清晨跟随渐儿来到茶山,翠绿的世界,那带着露珠的新芽嫩得仿佛要滴出水来。山上飘着薄雾,满山是淡淡的茶香。

脑海中茶山脚下有农田,茶山背后有远山,远山如黛,她和渐儿的身影就映在茶烟雾色里。新鲜的茶叶肥嫩紧实,芽毫丰满,她就这么想着想着感到有些困意了,俯身躺下便进入了梦中。

梦中她身着蓝布印花的布裙,背着竹编的小背篓,婀娜多姿的身影穿梭在茶山中,葱白似的十指在茶蓬间穿针般,一朵一朵脆绿的芽片从指尖滑过,一挥手,暗香盈袖,一抬眼,山色如烟。

还在美梦中荡漾时,她听到了轻轻的呼唤声:"兰姐,我们动身吧!"

她慌忙起身,出门一看,月亮还是笑哈哈地挂在空中,位置都没有太大变化,应该是四更光景,四更山吐月,残夜水明楼,正是伸手不见五指,天色最暗之时。

陆羽一改平时儒生青衣长袍的打扮,灰衣宽裤,背了一个大背囊,头戴草帽,手里举着一个大火把,在前引路。

就这么深一脚浅一脚地走了一个多时辰,天微微放出一丝曙光,季兰发现他们翻山越岭来到了一个峡谷中,陆羽将手中火把熄灭,对她说:

"兰姐,此地便是明月峡,绝品紫笋茶便产于此谷,今天采茶回去鸿渐当亲自制茶,将此春茶供养给不日回寺的然兄。"

季兰忙说:"渐儿,我也可以帮忙采。"

陆羽摇头道:"兰姐,茶树上刚发出一颗颗米粒形状的芽头,要用手一颗一颗地掐下来,费时费工,一天也采不了多少。有许多叶子不能采,鸿渐是茶人,当须亲自采茶。"

"渐儿,供养给皎然禅师的茶,季兰也想采摘,季兰知道采摘时有三不采:不采雨水叶、红紫叶、虫伤叶,这些季兰都

明白。"

"兰姐，不可！野生茶树生长在谷中，不聚于一处，采摘需上下攀爬，有危险，您在此等候鸿渐。"

说完他不等季兰再讲话，往手腕上缠了一条棉巾，一托背囊，纵身上山。季兰看着他在野茶树丛中采摘形如鹰嘴的嫩芽，消失的身影仿佛还存有朝露的芬芳和风雅。

季兰没想到原来采野茶是这样的，兴奋了一夜的什么采茶女之歌，采茶女之舞，什么跟王妈妈打听的标准采茶动作：正采、倒采、蹲采全部是梦想，此刻看看脚下烂泥松软，怪石嶙峋，难怪鸿弟不让她跟着，确实顾上难以顾下，烂石上保持平衡都颇为困难，何况拈指采茶？

睡眼朦胧，月黑风高，跟着鸿弟疾走了一个多时辰，季兰背上衣服早已被汗水淋湿了，由于走得急，不时爬上滚下的，扶树摸石，手也成青紫色了，她苦笑一下，明白了怪不得鸿弟没让她背着背篓。

她适应了一会清晨山谷的清凉后，开始观察起周围的环境，初春的山谷中植物陆续苏醒了，它们伸腰，抬头，纵情怒放，红黄蓝绿紫，好不热闹。…

季兰心中的春天是个奇妙的季节，渐暖的空气，破冰的溪湖,渐绿的树枝,吐芽的苞蕾,春驱散了料峭的寒风,给大地送来了温暖。被春风簇拥着的春天,阳光和煦,兰馨蕙香。

天在春天是喜笑颜开的蓝天,阳光则镶着金边,光明普照。山谷睁开酣睡了一个冬天惺忪的眼,脱去身上黑灰色的棉服,换上五彩缤纷的锦衣,花啊草啊更是个个仰着一张张可爱的笑脸,伴随着山泉优美的潺潺声,唱着心中的喜悦。美丽的蝴蝶展现着柔美的舞姿,一会儿在空中飞舞,一会儿静静地停留在山谷的野花上,这便是春天,生机盎然的春天。

季兰感觉好像没过多少时间,陆羽就回来了,背篓里装满了一片片青翠的嫩芽,散发着一股扑鼻的清香。

她知道他的本事,便没说什么,二人开始往回走,环山绕谷,葺翠如画。

"瑟瑟香尘瑟瑟泉,惊风骤雨起炉烟。一瓯解去中山醉,便觉身轻欲上天。"

不知不觉攀到明月峡的顶峰,顶上有块巨石,春风微醺,阳光正好,二人坐上了石头休息。

陆羽拿出随身携带的竹筒,递给季兰。这竹筒中装有刚刚打来的山涧清泉,季兰小口地喝着甜丝丝的泉水,眯着眼睛享受着温暖的阳光。

陆羽则脱下草帽,擦了擦头顶的汗珠,舒服地背对着太阳,侧躺下来。山上清风酣畅,露香犹在。

季兰看着背篓里的茶叶,问道:"渐儿,今天便需要制茶吗?"

"是,采完的茶要立刻蒸青,方不失茶灵,将新鲜采回的叶平铺蒸笼上,蒸笼放在釜上,釜中加水置于鬵上,蒸笼内摆放一层竹皮,茶菁平摊其上;将茶叶萎凋脱水,蒸熟后取出即可。"

"那蒸后如何?"

"蒸后捣碎成末,茶菁既已蒸熟,趁其未凉前,尽速放入杵臼中捣烂,捣得愈细愈好,之后将茶泥倒入茶模,拍打制团。"

"哦,因为模具的形状各异,所以就有不同样子的团茶了。"季兰自言自语道。

"对,之后拍打成形,在茶模下置表面光滑的绸布,布下放受台,一半埋入土中,固定茶模。茶泥倾入模后须加以拍击,等茶完全凝固,拉起布取出茶,此时水分并未干透,需置于竹篓上透干。"

季兰微笑地点头。

"最后焙茶干燥,团茶中水分若未干透易发霉,故须焙干以利收藏。将掠干后的团茶,先用锥刀挖洞,再用竹扑将已干的茶穴打通,最后用一根细竹棒将一块块的团茶串起来,置于木架上焙干。焙炉掘地二尺深，宽二尺半，长一丈，上有低墙。焙茶的木架高一尺，分上、下二棚，半干的团茶放在下棚，完全干燥后则移到上棚。"

季兰不解地问道："渐儿，咱们的焙炉在哪里？"

"兰姐不用担心，鸿渐早已备下。"

"焙干的团茶如铜钱中有孔，可用线贯穿成串，以便携带和储存。最要注意的是茶的贮藏，茶集天地灵气长成，成茶后可吸附于环境的各种气息。需以竹片成育器用来储茶，此器四周糊纸，中间设有埋藏热灰的装置，可常保温热，在梅雨季节时燃烧加温，防止湿气霉坏团茶。藏茶切忌临风近火，临风易变冷，近火易烧黄。"

季兰把竹筒递给陆羽，他今天兴致高，说话多，连喝了几口水后，继续说道：

"茶在煮用前可用火烤。烤时持茶近火，里外翻转；如是以火烤而干之茶，则烤至火气透为止；如是以日光干燥之茶，则烤至柔软舒展为止。烤茶用的材料不可用柏树、桂树、桧树之类含有油脂的木材以及朽木，有劳薪之味的茶不可用。故烤茶可用未染有腥味的木炭烤茶为最好，其次是用火力较猛的桑树、槐树、桐树、栎树都可以。"

季兰第一次听渐儿详细地讲述这些，听得入迷。

"另外炙烤茶饼时要考虑周围环境，不可在有风的地方

烤,这样会使火焰飘忽不定,致茶饼冷热不均;要靠近火烤,同时不断翻动,等到茶饼表面烤出的疙瘩伸展开来时,散发茶香为止,做到内外熟透。"

"嗯,这个季兰明白,如果不是在无风的地方均匀炙烤,茶饼或夹生不熟,或香气不发,故不得随意而为。"

陆羽对她点点头:"炙烤完的茶冷却后,就要放入碾槽内,用碾轮碾碎,要碾出好的茶末,力要巧。茶末要像细米粒。不好的茶末如同菱角皮。为保证茶末精细,需将茶末过筛,这样煮出的茶汤口感甚佳。"

季兰频频点头。

"如此茶初成矣,茶人煮茶时需注意选水,不但要茶好,还要水好。首先选乳泉或石池里流动缓慢的水最好,山谷中虽很清但不流动的水,会有虫蛇与腐败草木之毒潜浸在里面,饮用会使颈部生疾。其次是取江中水,但须离人生活区较远地方的江水,最后选井水,如非要取用,也要到经常使用的井中汲取,活水比死水好。十分的茶泡七分的水,得七分茶味;七分的茶泡十分的水,得十分茶味,水与茶灵相应,将茶激活。"

"季兰听懂了,渐儿,您常说茶精最精妙,那怎样保存茶的茶精?"

"哈哈,兰姐问到关键处了。"

"渐儿见笑了,我也是常听您提起,制茶时如何保持茶精呢？"

"主要在于温度的把握。茶蕴含天地的灵气，茶中生命的活力能否在制作时保存下来在于制茶时温度的调控。"

听到这里，季兰若有所思。

"茶的精妙，在于始造之精，保存得法，泡时得宜。好坏在于锅炒，清浊在于火候。火烈清香，锅寒神倦，火猛生焦，柴疏失翠，这些和各个环节的温度直接相关。您看，世上万物，气温越低，性质越不动，冰天雪地时，不起风，只有冷热交替，才会起风产生变化。温度越热，物体内部运转越快，故，制茶时的关键是温度、火候的把握，茶人懂得如何在温度变化时保存茶精的能量，茶农则不懂此理，同样程序制茶，懂茶之人制茶可保留茶精，不懂茶之人制茶将茶精遗失殆尽。"

季兰听着惊出一身汗，问："那，普通人饮用的茶岂非十之八九丧失茶精？"

陆羽一笑："正是，但普通人煮茶、饮茶，主要为了消渴，一群人一起闲聊，身心与茶心分离，茶不过喝茶味，消暑提神之用，茶精有也好无也罢，人心不在茶时，无非品味、解乏之用，茶味不同茶精，味可调可补，茶精是茶的灵气，失之不可复得，故茶明目清肠的养生功效常为人所乐道，茶洗心、入禅、回春、通气等妙用，得之者寡。"

"渐儿，传说中神农尝百草，日遇七十二毒，得茶而解之，那茶是什么茶？"

"远古采生叶直接吞嚼，鸿渐认为神农圣人是以生茶在嘴中咀嚼解毒，他自身功夫绝佳，无需煮饮，茶叶中的精、气可以很好地和自己的气场相应契合，故，神农圣人所吃之茶，非如今我们烹煮之茶。"

季兰越听越心惊，茶有如此妙用，为何世人皆本末倒置，不得精要呢？

"茶之一用，在于饮食之用，最常见简单的饮料即为茶，解渴解乏；茶之二用，在祭祀之用，敬祖师先人，贡朝廷内阁；茶之三用，在纳税，以茶盐养国之赋税；茶之四用，在于品，一个人品茶，是茶人的心与茶的对话，心驰宏宇，神交自然；二人对啜，以茶会友心有灵犀，倾心相谈是人生乐事，三人以上则喧，雅趣乏矣。于文雅之人品茶之味，赏鉴杯壶之美，有情则酽。"

"渐儿是说，能品茶静心之人也未必可得茶精？"

"开门七件事，柴米油盐酱醋代表人间烟火，为俗事，第七件茶虽为生活中的雅事，可以品出许多雅趣和情致，儒家以茶养廉、道家以茶求静、佛家以茶助禅，然雅事、养廉、求静、助禅非同于洗心入禅。茶不入禅，终不脱俗，禅不入心，无非文字，欲得茶禅一味，须茶心与禅心合一，方可得茶禅之乐，此非味乐，非物乐，非目乐，非俗乐，发乎本心、无惑不惑、气正神清、心宽意远、宁静致远。"

季兰沉思："茶禅之乐？"

"此乐需获茶中精、气、神。鸿渐认为有九难：一曰造，二曰别，三曰器，四曰火，五曰水，六曰炙，七曰末，八曰煮，九曰饮。以后慢慢同兰姐道来。"

三

转眼半月过去，陆羽待新茶寒气发散后，就和季兰二人动身去往妙喜寺看望皎然禅师。

自去年七月十五那个惊心动魄的夜晚，季兰的脑海里时时刻刻无不是皎然俊朗的身影。回去辗转反侧十多天，提笔写下：

"人道海水深，不抵相思半。海水尚有涯，相思渺无畔。携琴上高楼，楼虚月华满。弹得相思曲，弦肠一时断。"

写完自己看了两遍，烧了。

今年惊蛰前几日,陆羽告诉她,要去周边山里几日考察茶叶发芽的情况,让她住在草堂,她便在草堂自己练功。

闲得无聊时,她独自走在蜿蜒的山路上,路边斜伸出的小草、枝叶不时扫过她的脚踝,鸟在深林里鸣唱着,如同季兰的心曲一般回旋。她想皎然,她能感觉得到他的呼吸,他的微笑,他的矫健,她感觉和他的灵魂如此接近。她想依偎着、凝望着、触摸着、回味着他是多么甜蜜,如果可以和他一起煮茶、写诗作画,那她会是多么幸福?她想压抑自己的感情,这感情却如熊熊烈火般让她焚烧。

今天中午她精神恍惚地去往溪边洗衣,回草堂时,突然看见一双僧鞋放在门口,一个日思夜想的身影在窗边,阳光正照在皎然亮晶晶的光头上,使得整个人发着金光。皎然完全被陆羽的《茶经》迷住,没有注意到窗外有双期待的眼睛在一动不动地注视着他。

季兰怔在那里,半响方回过神来,低身把衣服放下。她想了想回身在路边采了一束野花,克制着扑扑乱跳的心,敲开了草堂的门。

听到敲门声,皎然以为是陆羽回来了,没想到看见季兰羞答答地捧花站立,这不谙情事的诗僧皎然哪里见过这样的场景?

季兰呼吸急促，面颊绯红，欲说还羞。

皎然愣了一下，尴尬地说："是兰姑娘啊，我当是鸿渐回来了。"

看着季兰红着脸递上的花，皎然心里翻江倒海，这花接也不是不接也不是，最后他对着书桌看了一会，这个一念万年的时刻仿佛能听见对方的心跳。

片刻，皎然挥毫在纸上留下一首墨痕未干的诗，写完后转身对着季兰合掌告辞，什么话都没说就走了。

季兰连忙过来一看，只见纸上写道："天女来相试，将花欲染衣。禅心竟不起，还捧旧花归。"字恢宏有力，连绵洒脱。

季兰反反复复看，看着看着泪雨滂沱。一滴豆大的泪珠滴在诗上，打湿了最后那个大大的"归"字。

定了定神后，她拿起搁在砚旁墨犹未干的笔来，另铺了一张纸，挥笔写道："禅心已如沾泥絮，不随东风任意飞。"

季兰我不玩了！

可是四个多月过去，季兰的心从狂热到冷静，以为可以忘了他，可以不想他，可以理智一些，谁知思念却是越来越深。她和渐儿虽然青梅竹马，但渐儿对她像姐姐一般有节制，有礼

貌，从不乱开玩笑，也没有任何过分亲密的言行，她对渐儿也是剪不断的姐弟亲情。

至于皎然，从第一次的见面开始就让她春心荡漾，无法自拔。尽管知道他是妙喜寺的大方丈，知道自己的感情不现实，但她管不住自己的心。爱就是这样没有预兆地发生了。

季兰是个随性的女子，既然发生，她就接受，不管这份情合不合理，也不管皎然怎么看待她，反正她爱皎然。

陆羽完全不知道他的兰姐和然兄之间这么个状态，他长时间不见然兄，甚是想念，去过两次寺庙，然兄都不在，徒弟们说师父行脚去了。

这一日，他在寻茶时偶遇妙喜寺里的僧人，告诉他师父下周回寺。他欢喜无限，因此带着季兰去亲自采茶、制茶，他要将最好的新茶供养多月不见的然兄，感谢然兄救命之恩。

妙喜寺居于山巅，周围一片竹海，季兰第一次来妙喜寺，此时她根本无心欣赏周围怡人的景色，一颗心全部在皎然身上。

皎然禅师在禅堂后院接待了陆羽和季兰，院子里有几棵参天大树，树下陆羽和禅师对面而坐，皎然禅师的大弟子茶烹小师父随立在禅师身后。

"然兄，多日不见，小弟甚是想念！"

皎然刚一落座，陆羽便一躬到底，"鸿渐一直想亲自感谢

兄长救命之恩,兄长给小弟驱狼提气,感恩不尽!"

皎然爽朗一笑:"鸿弟,咱们不必如此,来来来,让我试试您带来的新茶。"

一边茶烹,季兰已经帮忙拿来铁壶,燃起薪火,皎然知道陆羽传授季兰茶功,此时看季兰欢喜地准备动手煮茶,也想看看她精进得如何,便示意茶烹在一旁入座,静候季兰展示煮茶显艺。

看着水已至二沸,皎然转身问陆羽道:

"鸿弟,上回你说煮茶时可不加盐,可曾试过?"

陆羽道:"不知不加盐会否有青气,所以还未曾试过。"

皎然道:"盐因官贩贵重难得,故加入茶中提味,古人烹茶时还加入芝麻、瓜仁、桃仁等佐料,鸿弟始提出煮茶不加佐料,以表明茶的真香味。小僧赞同,今觉得,不加盐更可现茶之本味。"

陆羽点头道:"只是今人吃惯了加盐之茶,不知又有几人能尝无盐之茶。"

皎然道:"茶也好,禅也好,殊途同归,与别人什么相关?鸿弟《茶经》开篇即说茶之事,最宜精行俭德之人,茶纯和茶香岂在盐中?茶本难得,再加之昂贵之盐,一般人家也煮不起,须可人人皆饮才是茶之归处。"

陆羽点头道:"茶珍贵,商贾大夫还有人不谙其性,普通人怎知其味?"

皎然道:"胸中有茶,郁郁黄花,青青翠竹莫不是茶了。"

陆羽笑道:"恐怕难啊。"

皎然只笑不答。

二人清谈的当儿,季兰好好露了一手她日夜苦练的"丹阳手"。

只见她静候茶水二沸后,将茶末入铁壶,听闻皎然说不加盐,她便清煮了这壶茶来,待到三沸时,加水止沸,成茶。

成茶后她轻展右臂,施"丹露乾坤"功夫,将身旁的三个茶杯陆续缓慢地飞至三人面前,随后,将铁壶轻轻抬起,"凤头点水",不偏不倚,茶水正好倒至三人面前的茶杯里,倒完茶,季兰合十微笑。

陆羽和皎然嘉许地点了点头,都不觉得奇怪,然后各自端茶细品这无盐之茶。

皎然说:"好功夫!"

陆羽说:"好清香!"

说完二人微笑。

这场景惊呆了一旁坐立的茶烹师兄,他本是皎然最得意的弟子,在寺庙里号称茶烹上座,今天没想到见到一位柔柔弱弱、貌美如花的女子,轻松有如此内力,他试问自己也做不到,对着季兰左看右看,怎么越看越喜欢,怎么感觉好像观音菩萨下凡一般。

"鸿弟,此茶真是绝品,茶精俱存,香馥若兰,汤色杏绿,清澈明亮,齿间流芳,回味无穷,妙啊。"

茶烹正恍惚间,听到师父在说话,忙敛神一听:哦,在夸茶好。

他再看季兰时,已经在"凤头点水"倒第二杯、第三杯茶了,他忙将自己杯中的茶喝完,其实嘴巴里根本不知道茶是什么滋味,他的心完全被眼前这个下凡的观音菩萨吸引了。

"鸿弟,此茶不但茶精俱存,茶气也变幻多端,初品此茶香气馥郁,再饮如月下秋桂,三饮又如空谷幽兰,其韵独高,清芬袭人啊!鸿弟无愧'茶神'之称谓,制茶精、活茶气的功夫当真天下无二!"

季兰今天为了见皎然,特地穿了一件水粉色的背心,披着一件深紫色的披风,头发瀑布一般垂及腰上,貌美如花,人淡如菊。

她面对着皎然,煮完茶,她往青铜的薰笼里放了一片檀香。她轻柔的声音如同清风一样清脆动听,而她的微笑如同羊脂美玉一般润洁。她的眼睛明亮动人,鼻子棱角挺直;嘴巴大而丰满,微笑时却弯成一道完美的弧度,尤其那微笑时眼中的光芒,如同朝阳一般灿烂,谁能抵得住这一眼?

茶烹喝着这个师父嘴里号称天下无二的茶,他机械地笑着,食不知味,心乱如麻。

"然兄,鸿渐认为茶气有九香:清、幽、甘、柔、浓、烈、逸、冷、真。此茶初饮浓烈,再饮清幽,三饮逸柔,苦中有回甘,冷中可存真,故特来供养兄长,鸿渐还认为除此九香之外茶气尚需贵和。无论什么茶,如饮完中气平和,润泽于五脏六腑,久不能去,可谓上品。"陆羽缓缓说道。

"然也,茶气贵和,平和、持久、甘香之茶,能长养浩然正气,茶气又有生气、灵气、正气、意气之分。"皎然高兴地说道。

"生气是茶人心胸中孕育之气,身中气血动,心中归宁静,生气之功莫大矣;灵气为茶原有天地生命之元气。正气则为不偏不倚、平和中道之气。光有此三气尚不足,茶人之茶气不仅要平和,更要有一种慷慨激昂的意气在,此气非豁达虚心、兼济天下之茶人不可得。"

季兰听陆羽讲过许多关于茶与人的关系,茶人与茶气一体、乘物远行、心游万仞,茶气在品茶时既奇妙又难得。今天听皎然开口讲茶,自然一字也不肯放过。

陆羽点头道:"然兄所言极是,普通人对茶气理解不深,总以为茶气便是茶味，茶气是一种无相无形的与人身心交融之气，需要用心才能感受到的，而茶味不过是一种具体的味道而已。茶气复生于茶人之手，有能量的茶人，可以激活茶之本性，茶原本带着的自然灵气被完全激发，有时可以渗透入人体经络、脏腑，调动丹田的能量，启智明心见性得道，此谓人气合一。"

皎然点头："世上万物受到的外界干扰越大，就会越来越从简单趋向复杂，人与物同理。越复杂的人与事越容易受不同环境影响，越简单则越容易沟通，故'禅'不立文字方能心心相印。越自然淳朴的茶，其气越正、纯、净，能够体验茶的正纯净气的茶人，身体内气血必是通透的，心念必是慈悲的，寂然不动感而遂通。茶气强时，茶人明显感受到茶气在体内激荡升腾、毛孔张开、全身微汗，胃肠不适的会有打嗝排气等感觉，品饮得茶气后会有一种愉悦轻松、飘然安舒之境，这自然简单之茶便契合了茶精、茶气。"

皎然说着，拿起面前的茶杯，嗅了一下杯中残余的清香，继续说：

"然茶道不仅仅是制茶时得其精，饮茶时得其气。精是外在的物质，气乃非有形之物，可感不可触，普通人饮茶乃为消渴解乏，如得茶精，可帮助养生。茶人品茶得茶气，可帮忙气脉顺畅，茶道需要最后的境界，便是茶之神。万物皆有精神，

茶之神便是茶人通过品,饮茶时得茶入禅、禅茶入心,不仅身体得到茶的滋养,关键是精神和茶相应,此便是活力四射的茶神了。"

旁边三人无不叹服,陆羽道:"茶道非刻意求找,越复杂刻意越难寻,唯有心念纯净,体会出茶中的甘淡清醇,苦而微甘,悟到清明空灵,澄心净虑,方苦尽甘来,明至道为简为俭为真。"

皎然笑道:"茶神苦求不得,唯以茶人空灵之心可感可得,饮茶后不留不滞为空,唯有空才有茶神复生,如同杯子不空怎么装水,房子不空如何住人,人心不空何以安心?'空'是'有'的初因和善缘,是'有'的可能和前提。'一空万有''真空妙有'皆此理也。"

陆羽雀跃不已,拍手道:"然兄精妙之语,小弟受教也!"

皎然微微点头:

"所谓禅茶一味,茶禅一心,要的是一颗平常心,一心不乱的专一心,无念无住的空灵心,在此一心时喝什么茶都归于茶心禅心,不喝茶只喝水也可得茶心禅心,小僧认为这便是茶道,有平常心的人方算茶人。呵呵,为无为,味无味,事无事。"

陆羽感慨道:"然兄,浮生如梦啊,可惜人生倏忽兮如白驹过隙,年华流去,连我也不知明日身在何处,同谁在一起。"

皎然笑答:"随它去。"

看着陆羽还在感慨,皎然站起身来:"鸿弟,小僧前日梦醒偶得佳句,来,正好请鸿弟帮小僧斟酌一下。"

说完拉起陆羽就进了方丈室看诗品句去了。

这边季兰呆呆地看着二人的背影,茶烹突然说话:"兰姑,您们刚才谈话曾提到师父上次退狼救人用的是什么功夫?"

季兰回过神来,点头:"渐儿说那是不二茶丸的阳丸功。"

茶烹低头喃喃自语:"不二茶丸?"

季兰瞪着大眼睛,追问道:"茶烹师兄,您师父有传授茶丸功给您吗?"

茶烹想了想,对季兰道:"我跟随师父修行八年,自三年前开始,师父给我们师兄弟配制了三种不二茶丸。"

"哦?快说来听听!"季兰瞪大了眼睛。

"来妙喜寺后,坐禅时腿脚经常疼痛,师父说痛主要是因为身体内有寒气所致,所以教习我们茶熏法。"

"什么茶熏法?"

"当年师父说打坐修炼最需要注意免遭寒气,他年轻时喜爱在洞中修炼,但由于洞中寒湿较重,所以难免身体不适,所以研究出茶熏之法,配合修炼。"

季兰奇怪地问:"茶怎么熏呢?"

"师父说茶熏法是古法养生中驱寒防湿的一种特殊方法。远古社会,人们用草药、树叶等材料熬水熏某一部位,或洗浴全身,发现可以减轻和消除病痛。熏洗法的起源,古时候在端午节,人们会采集药草,熬汤熏洗。后来熏法不断发展,人们根据不同的地区和个体情况采取不同的药草来熏洗,其中茶叶也是普遍采取的药材之一。茶熏可以通经活络,调和气血,如配合密集修炼,有很好的效果。"

"那为何以前没听说过这些修法呢?"

"这些都是禅师们自己研究的修法,师父说每天在禅堂坐禅已经足够调养身心,如果不是因为打坐疼痛,身体有寒湿,不需要特别传授这些修法,修法也不是学得越多越好,需要一门深熏,方可得法。"

看见季兰难得这么有兴趣听自己说话,茶烹开心地继续说道:

"茶熏方法简单,每天两次先结双盘坐,然后将茶放入台前的茶碗中,再以滚水熏发,人伏低将头放在碗上大约一刻钟,用大衣覆盖头部,面部中渗入茶气,茶气一方面通过皮肤孔穴、瑜穴直接吸收,再运转、扩散、刺激、调理,可排毒通经,去湿驱寒。另一方面,茶气通过鼻子、呼吸道进入肺部,加快气血运行,气对于人,如水之于鱼,相离则死。人的生命以元气为本,生命活动则以元气为源。气乃是精神之本、性命之源、神明之主啊。元气禀受自天地及父母精血的元阳,为气血精津的源泉，乃五脏六腑、十二经络之根，呼吸之门，茶熏之法，提升元气，加快气血运行，乃生命活力之本也。"

"嗯。"季兰点头。

"茶熏法又有多种，包括面部茶熏、耳朵茶熏、眼睛茶熏、脖子茶熏、掌心茶熏、上丹田茶熏等，现在传授您的是面部茶熏。面部茶熏也有两种：台熏和手熏。手熏是手部经络不通时直接以茶熏手心劳宫穴。台熏是用以排除全身潮湿之气，用大衣把头部包起来熏脸。"

"那，师兄每天熏几次？"

"我一天早晚两次台熏，如感觉肩、手部不通畅时，辅以手熏。"

"那熏时需要注意什么呢？"

"最重要是放松，放松分为身体放松，气放松和意识放松。身体放松相对来说比较容易，但气和意识的放松比较困难。杂念多的人身体也很难放松。只有阴阳平衡、身心和谐，身、气、意三者完全放松时才可以将茶气通畅于全身，滋养气血。"

"茶熏有这么神奇呢？"

"茶熏过程中心态和意念放松将直接影响茶熏得气的效果。您看得道的长者，年龄虽老，但面色红润，那是因为五脏六腑的和谐，气血充盈、身体活力充沛，精气神俱足。茶熏的

修法,主要得到'精气神'中的茶气。身体依赖茶气的能量,通过茶气的运行,将气通过经脉输送到全身,并同时排除身体的废弃物。人体中,有一半是'空'的状态,而这'空'并不是真空,而是充满着推动身体运行的气。您修炼弹空,就是增加膝盖中的气。气从哪里来?主要透过呼吸,得到自然界中的新鲜灵气。茶熏会帮助气息的净化。"

"那用茶熏和用药熏有什么不同吗?"

"师父说茶是自然的灵物,其他东西是药三分毒,用有灵气的茶叶作为熏料,对身体极有帮助。茶叶又是非常奇妙的药草,含有许多营养成分有益于身体,茶可解酒食油腻、可解烧炙之毒,利大小便,多饮消脂肪,去油腻。"

"嗯,这下季兰清楚了。"

"人主要通过皮肤、经络、大小便、呼吸排除毒素,一个不懂吐故纳新呼吸之人,身体会容易老化,情绪不容易控制,思想散乱,没有活力,记忆力下降。凡是人,从呱呱坠地开始,就必须呼吸,可见有生命就有呼吸,此两者形影不能分离。一般人只以为维持生命活力最需要的是饮食,不饮不食,就要饥渴,甚至死亡。殊不知道呼吸比饮食重要得多,人们若断食,几十天无妨;若断水液,几天可活,一旦闭口鼻,只要几分钟就消亡;凡人可怜之处,只重看得见之食,忽略看不见之气。"

"是啊,可这只是茶熏,没有茶丸啊。"季兰转回正题。

"哦,师父给我师兄们另配了不二茶丸,每周清晨、正午、晚上各吃一次,分别养在沉香筒、竹木筒、松木筒里,时间越久茶丸效用越强。清晨早课前用香露茶熏,配合香露丸,沉香一直是佛法特别重视的宝物,由于其自身丝丝入神之香气,有静心定神放松开智之功效,所以用此茶和丸健脑益智,午时修炼用竹露茶先熏,然后配合竹露丸,此竹露茶、丸是益气、祛痰、爽胃、清热顺气之效。晚课结束时用松露茶熏,然后配合松露丸,此松露茶、丸可以去湿化瘀,健肾固本。"

季兰听了心向往之,不禁说道:"师兄,这香露、竹露、松露茶丸可否给季兰吃一些?"

茶熹为难道:"这?恐怕得问过师父才行。"

季兰想了想,又说:"可是,这些茶丸也不是您师父退狼用的那火红色的茶丸啊?渐儿说那叫不二阳丸功夫。"

看见茶熹不语,季兰又问:"不二茶丸到底是功夫还是丸药呢?"

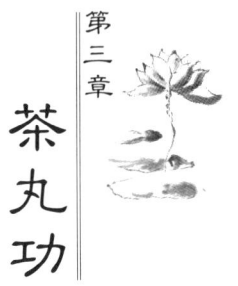

第三章 茶丸功

古人若不死,吾亦何所悲。

萧萧烟雨九原上,白杨青松葬者谁。

贵贱同一尘,死生同一指。

人生在世共如此,何异浮云与流水。

短歌行,短歌无穷日已倾。

邺宫梁苑徒有名,春草秋风伤我情。

何为不学金仙侣,一悟空王无死生。

一

茶烹已经有十天精神恍惚,脑海里一会是季兰姑娘巧笑嫣然的模样,一会便是临走时,季兰告诉他的师父的不二阳丸功。

他总算想明白了季兰临走时问他的问题，不二茶丸原来有两种，一种是他们师兄弟平时修炼用的助修配合的丸药，这些丸药是师父自己调制，帮他们打通气脉、增加能量用的，而另一种是茶丸功夫，这必然是师父没有传授的禅门功夫。

想想出家依止师父修行八年，每日黄昏、后夜、早晨、晡时定时坐禅，告诉他对于僧人而言，虽然行、住、坐、卧皆可修禅，但在四者之中，以坐姿最为适宜，故云"坐禅"。

师父常说"画饼不可充饥"，禅无相无状，既无固定文字，也无固定实相，它完全是本心纯朴的自然呈现，唯有亲证、亲悟始知究竟，非诵经、说法便得之。

茶烹的心中，师父就是菩萨，就是佛祖，他从来没有怀疑过师父的话，八年来，茶烹每日坐禅精进，克期取证，但自认为尚未开悟，他知道明心见性要等机缘。师父说了：心性者，众生本源，了生脱死，超出三界，不受后有，度己度人，普利群生。

那就坐禅吧，一坐就坐了八年。

今天茶烹开始疑惑了，坐了八年的禅，我怎么哪里都比不上美貌的兰姑？我要是什么都不如兰姑，还怎么让她喜欢我？我必须有功夫，我必须得到师父的亲传，我要修炼茶丸功！

第三章 茶丸功

从生出了一定要修茶丸功的念头开始,茶烹心中就在想怎么可以让师父传功?

茶烹突然想起了师父平日里一直讲述的"平常心是道"这句话,什么是平常心?师父说就是一心一意,心物一体,心能转物的道理,没有杂念,吃饭就吃饭,睡觉就睡觉,打坐就打坐,不要东想西想,那从今天开始,茶烹也一心一意地只想茶丸功,我的心只有茶丸功了!我这样保持和茶丸功一心,师父必会同意传功!

茶烹想清楚了这个道理后,心里开始欢喜,走路吃饭,睡觉打坐全部只想着:师父传我茶丸功,我和茶丸功最相应!

从这天晚上起,以前倒头便睡的茶烹再也睡不着了,睁眼闭眼都是茶丸功,他想象的茶丸一会儿是绿色的,一会儿是无色的,一会儿又成了红色的,大小不一,忽高忽低。

茶烹翻来覆去难受得突地从床上爬起来,披上平时听课时最庄严的大衣,孤身来到禅堂大院前跪立。

禅堂位于寺庙的正中心,茶烹面朝东侧师父住的方丈室,跪立在地下,边跪边想:二祖为求正法,在雪中跪立数日,断臂求法,我茶烹也要学习二祖,师父见我求法心诚,必然会传授与我的。

如果不传?那,那,那我先断指吧!

茶烹记起来刚到妙喜寺时,坐禅时根本无法双盘,为了锻炼腿功,跟上其他师兄们一起精进,他用大石块压着自己的双腿,直至昏过去。高贵的人不是不断超越别人,而是不断超越自己,但要超越自己,必须要有勇狠精进之心,这样才能战胜我执。

刚开始出家坐禅的几个月,实在痛不欲生,心和腿奋斗,这种疼痛只有实际坐过的人才知道,每天四次坐禅的时候茶烹刚坐下就瞧着不远处的法香,希望它早点燃完可以起身。就是在这样的煎熬中,有赖师父传授茶熏一法驱寒,茶烹终于战胜自己的身心障碍而脱胎换骨。

两年前师父在冬至日入定,他陪在身边,七天七夜如如不动,心中平和喜悦,就是那一次,师兄弟们开始称呼他"上座"。

今晚茶烹默默地跪立着,左手放在丹田处,右手托着一片茶叶,他的眼睛看着茶叶。月光昏昏暗暗,手中的茶叶也看不太清楚,他心中想着:"人茶一体",我要炼就茶丸功!这么想着想着,石头地面没有那么粗糙了,膝盖没有什么感觉了,眼前的茶叶却变得清晰起来,随着晚风一摇一摆,好像在手中舞蹈一样。

夜晚的山里寂静无声,玉兰花在枝头怒放,春夜里的寺院空空荡荡。月亮从云中露出脸来了,几只小鸟被月光惊动,发

出的圆润的清音在山涧中回响。

除了静,夜晚出奇地冷,尽管已经是春天,山里的夜晚还是阴冷潮湿,晚风刺刀一般嬉戏着茶烹的脸庞,方丈室门前的水缸到了晚上还是会结冰,冰面上有一轮清冷的月光。茶烹目视着手中的茶叶,仿佛一座泥塑一般。

"当,当,当",一阵清脆的敲击声由小变大、由远而近,这是钟板在响。寺庙中,这就是号令,被称为"龙天耳目"。钟响的长短和次数都代表着特殊的含义,如同军队的号角,禅者闻之,便知下一步该是什么程序了。

今日寅时,钟板和往常一样定时敲响,僧众们踏着钟板声陆续往禅堂方向走着准备早课,昏沉的月光中看见禅堂前侧跪立的茶烹,只见他全身被露水打湿,一动不动,僵硬冰冷,在黑暗中全无声息。

师兄弟们吓坏了。

"哎呀,上座怎么了?入灭了吗?"

"他手里拿的是什么?"

"快快禀告师父!"

大家有的围着茶烹喊师兄,有的去摸他的鼻子,看是否活着,有的去敲方丈室的门喊师父。

不一会,皎然禅师出来,一看跪在大院里石头一般的茶烹，心中了然，便大喝一声道：

"茶烹，你随我进来！"

说完转身回房，这边僧众们正疑惑间，突然发现跪立着的僵尸的脸上浮现出了微笑，一拍腿晃悠悠站起来，一瘸一拐地往方丈室去了。

众人目瞪口呆看着这师徒二人演的是哪一出？

还在议论时，只听见钟板再次敲响，大家只好带着一头问号进入禅房早课。

佛教重视坐禅修行，息心静坐，"不动不摇，不透不倚"。妙喜寺的禅室正中是达摩祖师的坐像，维那师的一声号令，僧众们对着祖师像行礼，然后纷纷在禅凳上落座。首座坐进了黄幔下的"维摩龛"里，威仪堂堂，大家一起裹上腿静坐。

禅堂里坐禅，没有文字，没有讲法，称为"大冶洪炉"，僧众们坐禅时将身心交付，闭上双眼，内观自心。皎然禅师告慰弟子：在禅者的眼中，大地万物皆是禅机，未悟道前看山是山，看水是水；悟道后，看山还是山，看水还是水。但心境不同了，悟道后万物与我同在，和我相融，物我合一，相入无碍。

僧众们一如既往地进入禅堂早课，这边方丈室内，皎然禅师自结金刚座入定调息，茶烹战战兢兢进入房间内，恭敬地磕

第三章 茶丸功

了三个大头,看师父自己入定,也不理会他,便乖乖地挨着师父的法床下继续跪立。低着头不敢出声,师徒二人在方丈室里入静。

不知不觉一个时辰过去,禅堂那边早课结束,早晨下了一丝微雨,妙喜寺被一片雨后初晴的葱茏包围着。

当僧众们开始去往厨房吃饭的声音传来时,皎然禅师睁开了眼睛,对着跪在床边的茶烹说:"好吧,你也不用断臂求法了,你这些天一心一意想得茶丸功夫,那茶丸功是我年轻时在终南山偶然机缘修得,共有四个阶段。你跟我八年,品性单纯,如此跪立一夜,心也算诚,也罢,师父传你此功!"

茶烹刚才一听师父叫他进房,就知道有希望,但没有想到,还没开口,师父便同意传功了,计划中还应该有若干对答、考试、询问的过程,统统免除,哈哈,莫非在梦中?

大喜之余,他不知道该说什么,忙给师父磕头。

皎然禅师说:"传你功夫前,先给你讲我年轻时候的经历吧。"

二

我少时家父因为被诬"安史之乱"余党入狱,母亲变卖家产救父不成,携我沿途乞讨来至长安,希望可以入朝鸣冤。

不想内外交困下母亲病危,我听闻离长安城不远处的终南山内有一位世外高人,于是只身前往求医救母。

离城时没有什么准备,又身无分文,仅携带有一个水囊,知此一路时有强人出没,商贾结队也不敢走夜路,故此尽管白日漫漫,烈焰炙热,还是希望白天可以尽快进山寻医。

一个人正走着,身后有几匹马瞬间而至,为首一人头戴红巾,络腮胡子,虎背熊腰,身佩环刀,抬眼看见我年纪幼小,只身一人身无长物,不禁有些失望,刚打算率众离开,后面带黑巾小弟却在仔细观察一番,策马来到近前,低声说:"哥哥,此子不同凡响,可带回山寨。"

那红巾大哥上下左右打量我,见我年纪虽小,孤身一人却遇乱不惊，笑道："哈哈，小子，看来咱们有缘，来，跟我们回去吧？"

喊毕，一摆手，几个兄弟催马上前围住我，那情景是不走就绑起来。我心想人生福祸无常，大白天遇到强人，此乃天命，可怜母亲重病在身，如何是好？心里想着，但我知道反抗无效，所以一语不发上了马跟随他们行去。

不多时，便见终南山迤逦峻峭，中间孤峰蔚起，十分壮观，红巾大哥回头道："兄弟们快马加鞭，咱们今晚进山休整吧。"

转眼进至山中，天色已晚，众人生火做饭，有两人在一旁看守我，余皆围火喝酒吃肉，放浪形骸。红巾大哥不断拍打黑巾小弟："这小子有什么用？你说说？"

黑巾小弟附耳一番，也不知道说了什么，大哥放声大笑："兄弟，还是你行！哈哈，事成之后，哥送几个女人给你，要啥样的都行，哈哈！"

正乐时，黑巾小弟猛然站起，道："大哥，有没有看见一团红光？怎么一闪就没了？"

红巾大哥跟着站起，左右看看，道："没看见啊？在哪？"

他们正站着找红光时，我感觉一阵香风扑鼻，我和两个看守我的强人一起昏迷，睡梦中听见红巾大哥的怒吼声。

过了一会，我苏醒过来，发现自己就在不远处的树上，两个强人睡在树下，看得见余下的几个人把红巾大哥围在中心，旁边是熊熊的篝火，每人手里拿着刀，火光中看见他们怒睁双目，估计已经被耍了一阵了。

说时迟，那时快，又见一团红光飘来，黑巾人一声大喝："不好！"

熊熊篝火立刻熄灭，周遭漆黑一片，红巾大哥侧身向空一抱拳，朗声喊："在下行不更名，坐不改姓，人称快刀李，崆峒门下，生活所迫带兄弟们在江湖上讨口饭吃，请问来的是哪路高人？请出来一见？"

正喊着，只见红光又从树顶飘来，好快刀，名不虚传，一眨眼功夫腾地出刀，纵身飞至树上，想追那红光，没想到，红光似有眼睛，他在哪里，红光便不即不离总和他保持二臂距离，看上去，不似快刀追红光，倒似红光追快刀一般。须臾，他便脸色苍白，汗如雨下，而红光还是若即若离，不紧不慢地跟着。

快刀李只好跳下树，发现原地等候的几位弟兄昏迷不醒，他心知不敌，弃刀在地，喊道："哪位高人请出面一见，让俺死而无憾，这是哪门的功夫？在下孤陋寡闻，闻所未闻！"

声音在空中回荡，红光又在他身边转了三圈，然后消失。

快刀李俯身想捡自己的刀，却筋疲力尽，无论如何拿不起来了，只见他长叹一声，跌坐地上。

刚才片刻发生的事情，活生生就发生在我眼前，红光如何飘过来，快刀李追逐戏耍，看见一众强人软软倒下，昏迷不醒，最后瘫软无力，我心中跌宕起伏，吃惊不已，如果说三岁起学儒闻道让我明白了人生的道理，父亲入狱后我反复体会了人生无常。

我还在胡思乱想的时候，身边出现一位长者，手持长箫，慈眉善目，须发皆白，长者身边站立一小童，看上去比我年龄还小，亭亭玉立，白衣白裤，肤净如玉，眉眼带笑。

我忙施礼，口中言谢救命之恩。

老者大笑，过来拉着我的手："小子啊，你让老夫找得好苦啊！"

我十分不解，疑惑地看着老者。我刚来长安，不认识这位老人家啊。

老者继续欢喜地说："你父亲和我是老友啦，老夫三十多年前行脚四方，多亏你父亲布施了许多银两，他是大善知识啊。他被冤入狱时，我正好在长安听说此事，赶去你家，你已经和母亲入朝，沿路四处求助，讨饭吃苦，心情冷暖，老夫都一一看在眼里，可惜你父正直清廉，但朝廷腐败，世风日下，老夫我也救不了他。我早就看上你小子啦，一直没有出手救你，是想看看你的品性如何？哈哈，这下你过关啦，老夫叫得意子，今年一百零五岁，我的二位师兄都自己成仙快活去了，唯老夫至今没收到徒儿传我独门不二茶功，老夫这几年一直在等个好徒儿传功,今天老夫就传你吧。"

说罢笑眯眯看着我,左右看不够。

我只好问道:"伯父,为什么这功夫非要传我?"

得意子错以为我不愿拜他为师,情绪急转直下,瞬间泪流满面,啼哭不已,哭声有如猿啸,高低婉转。

身边小童忙递过白绢为他拭泪,我被他吓得不敢再开口说话。

好一会儿,得意子方才止啼,又欢喜道:"老夫自小兄弟三人进昆仑山修炼功夫,人称昆仑三子,师兄分别唤作逍遥子、自在子,哈哈,听名字你清楚了吧?我们三人都是不入红尘的隐士,二位哥哥八十一岁时在百丈崖闭关十年,后一起羽化得道,只留下我这个不肯闭关的师弟,没了师兄们,我只好一个人四处游玩啦。"

说着又哭起来:"师兄啊,你们好狠心啊……"

我见得意子喜怒无常,知道劝也无用,就安静地坐着听他讲述。

得意子见我不说话,便哭得没意思起来:

"我六十几岁曾离开昆仑山云游四海,发现先师所述之南方茶山古木横荫,飞瀑流泉,实与我巍巍昆仑绝然不同,而那茶树更为独特,叶入水可提气清浊,气入心凝丸聚神,实万物之精也,固深悟先师传给我的不二茶丸,为无上妙法。惜老夫心念杂乱，贪玩好胜，调阴阳蕴六时之功无法和师兄们相比，又此法需七内、七外十四种条件方可成就，七种外因好办，七种内因难成，到达内功七层时需体悟大乘无上空观心法，合其性、明其理、顺其道、空其心，即可瞬间成就，老夫无此福报，等的必须是内心清净的神童啊！"

我更加惊奇不已，问道："伯父，这不二茶丸功夫到底是什么啊？是武功吗？"

得意子粲然一笑："娃娃，佛门有三明六通，天竺国尚有九十六种外道，真真假假，不一而足，这门功夫是先师自天竺顿悟禅法后融通了至高心法而得，二位师兄闭关十年欲修此功最后的合一心法而未得，憾而坐化，此功与神通外道等等法术皆不同，需心念合一，人法合一，你若修成，吾可了先师、先师兄遗愿，足矣慰师矣。"

我奇怪地问道："伯父，您也没有炼成就吗？"

得意子长嘘："娃娃，说起来惭愧，不二茶丸分阴阳二丸，阳丸接天地阳气，需打通气脉，心无杂念，清静圆融，老夫百岁生日时成就阳丸，就是你刚才见到的火球。阴丸通天地灵气，需七种内功俱备方可得，阴丸是灵性智慧能量，成丸时虽也需炼丸，但成就不在修炼的外在过程，在于修者是否可以顿悟心法，老夫三次修阴丸未果，实在是愧对先师，智慧不够啊！"

想了想，他又说：

"阴丸修成时，阴阳二丸由修者劳宫穴摄入体内，游走于经脉，聚散由心，收放自如。阳丸用时可由手掌放出，如火球般明亮，魔者见之心生恐惧，不战自败；阴丸能助修者预见、禅定、化境、化语、化身，亦可知他人心中所想，听音观像于千里之外，阴丸发动时，修者通体发光，如光明普照。老夫无法练就阴丸入体，呵呵，惭愧啊！"

我想了想问道："伯父，那我如何跟您修炼此功呢？"

得意子笑道："好娃娃，你是几千年才出一个的神童，练此不二茶丸功需要七外、七内十四种条件，缺一不可，万事俱备方可大圆满，外在条件有七：

合天时

阳丸需于冬至子时一阳起时生成，阴丸需在夏至子时一阴起凝聚。

应天象

修阳丸当夜需天空银河璀璨，三星辉煌，如天象不应，需等第二年。修阴丸时需北斗七星月明星朗，但有一丝阴霾，同样需等第二年。

相地理

阳丸成丸需于灵峰之顶合天气，阴丸采集需于洞中聚地气。

顺阴阳

第三章 茶丸功

阴阳二丸制作采集均需一昼夜。阳丸成丸时，制者需结双盘坐正坐制丸炉之上。阴丸制作时制者需头倒立双盘置于制丸炉之上，无论阴丸阳丸，制者均须正、倒双盘一昼夜不动。

明五行

阳丸制作需在制丸炉上干熏茶得气。

阴丸制作需溪水将茶蒸发得气。

通物理

阳丸制作需用三十三斤茶叶为主材。

阴丸制作需用三十三斤茶根为主材。

蕴人心

阳丸制作时需制者跌迦坐正坐炉上，制心一处，空虚无一物，茶气上行，气结于掌，方可成丸。

阴丸制作时需制者倒立双盘，制者汗水入茶，阴阳互转，气脉倒置。水气翻滚，制者进入不二空境方可瞬间口中得丸。此乃外功与内心结合得法的至要之门。"

我听完心里大惊，问道："老人家，这七种外在条件已经匪夷所思，那还有七种内在条件又是什么？"

得意子笑道："老夫累了，今晚你随老夫回洞中休息，灵山童儿今晚下山去救你母亲脱险，明日他赶回山上陪你一起修习此天下无双的不二茶丸吧。"

说完，小童子灵山向我问清楚母亲住处，合掌告别，骑马下山了。

山里的夜晚一轮明月当空，夜凉如水，我深一脚浅一脚小心跟随得意子行夜路，峰回路转，曲径通幽，辗转约一个时辰方才来到一个洞府。

洞府入口处有粗细两棵树，树根相连，一左一右，枝繁叶茂，粗树下隐藏有一小树洞，洞前立有巨石，石后有道，仅够一人躬身通过。得意子一转身便不见了，我也跟着扭身钻进洞内，哪知一脚下去，便摔入深渊，原来进口是一深不见底的长道，又黑又细，也不知道滚了多久，只听"嗵"一声，跌在地上。

我昏沉沉抬起头来看时，眼前豁然开朗，别有洞天，不愧叫得意洞府，洞阔可容近百人，洞高十丈，有流水成潭，有细风送气。

我方才站定，便见得意子站在前方笑眯眯地看着我，好像一个等待被家长夸奖的孩子，可见我久不说话，便摇头笑道：

"你这小娃娃，怎么不好奇？没想到老夫的得意洞府如此开阔吧？吓坏了吧？呵呵，此乃老夫茶丸修炼之地，也是你明天开始练习内功的地方，此地原是我兄弟三人的居所，他二人不喜欢长居一处，非跑去那猴子才住的悬崖上修，老夫只好和灵山徒儿做伴啦，哈哈，小娃娃你来了，老夫实在欢喜欢喜。"

我受了一天惊吓,又累又饿,可得意子就是不停嘴,手舞足蹈,连比带划,怎么也停不下来,闹着要带我去四处参观他的无敌得意洞,什么打坐房、炼气室、闭关洞、茶熏台、藏经洞、炼丸炉,还有睡桩、立桩、吊桩等无数修炼各种功夫的地方,我心里叫苦不迭,只好等到他自己也说累了,方才各自休息。

一夜无话,洞中无日月,我好像刚躺下,便被灵山摇醒。

我忙翻身起来,惭愧道:"小师兄,在下无礼了,昨天疲劳,您什么时候回洞都不知道,家母身体如何?"

灵山开心地说:"令堂吃了师父给的香露、竹露、松露丸,半月无需进食,喝水即可,现已无碍,师弟放心吧。师父在修炼房等您,哦,今天开始您该改口叫师父了。"

我点头:"正是。"

到了得意子睡房,见到老人,我倒头便拜:"见过师父!弟子家徒四壁,身无长物,没有拜师之礼,给师父多磕几个头吧!"

说完,我便五体投地,磕了九个头。

得意子难得地正色对我道:

"徒儿,你太师父是世外高人,一生隐居昆仑,研习内功心法,精道玄易理,六十岁时自渡葱岭西行天竺求法,得遇高僧,苦修十二年唯识心法,练就十七层瑜伽师地法,成大瑜伽士,回来后,传我们师兄弟三人不二茶丸阴阳二丸功夫以及平时调理身体的香露、竹露、松露丸三种茶丸。茶丸功夫里阳是功夫,阴为智慧,阳为表,阴为里,阴阳互补相得益彰,为何取茶为原料,盖因茶为自然生长之灵物,得天之气,享地之华,可饮可食,可入药可炼气。"

随后,眼望灵山说道:

"灵山今天开始助你百日修成阳丸三法:弹空、火空、丹空。"

我问:"师父,何谓弹空?"

得意子反问道:"你会打坐否?"

我回答:"师父,我自小喜爱打坐,家父三岁起亲自教授我学习各家经典,家父说儒释道各家精要需平等视之,长成之后,自有分辨。我自小每天闻鸡起舞,先练习拳法,然后学习经典,平时除了站桩、打拳,学习时都是静坐状态,约摸一天四五个时辰左右。"

得意子笑道:"好好,打坐是入门功夫,各家打坐、调息方法虽不同,但殊途同归,茶丸功修炼要将双盘打坐功夫做到极致。弹空法是练习如何提高膝盖弹力,人老腿先老,树老根先老,加大了膝盖的锻炼,才能更好地稳定双盘功夫,膝盖是最容易进寒邪的地方,所以打坐时人们都习惯用棉物包裹双腿。先师曾说,他见有些天竺僧由于居住地天气炎热,或常在树林中打坐，一坐几天，没有注意包裹膝盖，导致膝盖进寒气退化，老了大多不能坚持长久双盘，很难进入深度冥想。"

我听到这里，忙抓起外衣，遮住自己的双腿，这个细微动作被得意子看见，高兴地说："徒儿啊，我们现在开始修炼弹空法就是增加膝盖中气的含量，膝盖中空的成分越多，大腿小腿之间骨头的距离越大，气血就越通畅。"

我问道："师父，那如何增加膝盖中空的成分呢？"

师父拉着我的手"走，我们去修炼。"

修炼的房间不大，墙面都是粗造的石头堆砌而成，地下有一张兽皮，年久模糊，已看不清是什么兽的皮毛了，墙边放置了一些大木头，木头上放了不少瓷碗，碗中点燃着酥油，空气中弥漫着一股酥油的香味，老木的清香和酥油的奶香混合，是厚重的醇味，我很喜欢这味道。

灵山已提前过来在房间中心石头地上点起了一堆火，火光透亮，火旁有一根长绳、一桶水。

进了门，师父让我席地而坐，灵山师兄让我结双盘，然后，他用那长绳将我双腿牢牢绑了起来，我不解何意。

师父道："徒儿啊，虽然你以前会静坐，但今天是第一天开始阳丸功夫的修炼，每次双盘修炼时间最少三个时辰，我怕你坚持不了标准双盘姿势，所以要帮你把腿绑定起来。"

我点头，灵山帮我绑完腿，自己也双盘着坐在我身边，一语不发，微闭双目。

师父说："初修弹空法，先要练习开胯，人的会阴穴附近是地气自涌泉入丹田的关门。你入定后，意守丹田，将掌心劳宫对准两边胯骨，似空非空，然后深吸气，气息充满胸腔后，将气转至丹田，然后将气分别从丹田均匀再次推至两侧胯骨处，如此反复循环，三个时辰为一次。依我观测，徒儿童子之身，精神充沛，凡人修弹空调息开胯法需每天三个时辰，连续四十九天方可完成。"

我听得真切，想了想问道："师父，那气从丹田推至胯侧，弟子应有什么感觉呢？"

师父把手放进水桶浸了浸水，然后掀开我衣服，说："娃娃，你顺着我的手运气。"

师父湿乎乎的手自我丹田开始向两侧胯骨缓缓推出，边推边说："徒儿，你感觉水流的走向就是气的走向，开胯如同开路，丹田至胯的路是不通的，需要用气推开它，一遍一遍循环反复，寒气聚集时会有疼痛感，最后寒气排除，气流如同水流过一样感觉清晰，自己能够清楚体会到气从丹田如水般流至胯骨，当这样的感觉越来越清晰的时候，胯骨就被逐渐打开了。"

我还想再问时，师父已经起身出了修炼房。

修炼房里无日无夜，无动无静，一切都在停止状态，唯有默言的灵山师兄，似乎告诉我这一切真实存在。

如师父所言，刚开始从丹田往胯骨推气时，感觉剧痛，推着推着，疼痛蔓延至腰间、大腿内侧、整个下腹，也不知道过了多久，几千年那么长，我一会想哭一会想跑，师兄灵山一动不动地陪着我，他小小年纪，居然定力如此之强，整个人静止一般。

再过一会，我便安下心来，在一次次的推动中疼痛感转为酸麻，最后逐渐没有感觉了。再不知道过了多久，随之而来有一股热流从胯骨升起，每一次在气的推动下，一次比一次热，再后来连热的感觉也没有了，我清晰地感觉到一股暖流平稳地推动至胯，越来越稳定。

师父回来时，我其实已经忘却了他的存在，意念完全进入到丹田至胯之间的流动，师父看了看我，转身离开，再次过来时，他说已过了九个时辰。

修炼房中熊熊之火早已熄灭，我真正体会到物我两忘，在黑暗中，好像身上发出清幽的光泽，灵山师兄仿佛已经睡着。师父重新点燃木柴，待火光明亮后上前打开了我脚上的长绳，看着我，长嘘一声："徒儿啊，你让老夫太欢喜了，没想到弹空法你竟然可以一次炼就，老夫虚度百岁光阴，似你这般的神童还是第一次遇见，老夫不胜欣喜啊！"

我虽然腿部失去知觉，无法动弹，但心中欢喜，瘫躺在火堆前恢复腿部知觉时，感觉腿上热气慢慢升起，身体麻麻的，通体舒泰。灵山此时被我们说话的声音惊醒，揉了揉迷糊的眼睛，看着师父和我高兴的样子，他也十分开心，站起身来，完全没有活动就可以行走，边走边说："师父，我给你们做吃的去！"

我望着他的背影说："师父，灵山师兄的功夫如此了得，您为何不传他茶丸功？九个时辰双盘，他居然昏昏睡去，他他他，到底能盘多久？"

师父看了看我，笑而不语。

第二天一早，灵山师兄来叫我起床，让我十分奇怪，平时我习惯早起，从五岁开始，每天早上寅时练拳，从未间断过，为什么来了这里需要师兄叫我起床？

灵山也是孩子，忍不住告诉我："得意洞的气场与别地不同，无日月星辰，你刚来还不适应，又累又困是正常的，今天的弹功第二层观想通气法，师父让我带你上树去练。"

说罢，拉起我的手便往洞外走，我进洞时从一长道跌入，以为要爬上去才行，没想到，得意洞居然有一洞门，打开便是进来时看见的阴阳二树。

师父已经在树下站桩运气,看见我们来了,轻轻拉着我一纵身上树,灵山紧跟不舍,很快来至树顶。古树遮天蔽日,树枝粗大,师父让我在大树枝上找一平坦处双盘坐下,开始教习弹功第二层:观想通气法。

树枝上有斑驳的阳光洒在我的脸上,得意子缓缓地说:"弹功第二层是要练习打开涌泉穴,接应地气,双盘后用左手劳宫穴对准右脚涌泉穴,右手劳宫穴对准左脚涌泉穴进入观想,观想手脚合一,气从涌泉进入手臂、手肘,反复循环。最后感觉手脚融为一体。"

我奇怪:"师父,我们接地气,那为什么爬到那么高的树上?应该坐在地上才能接到啊。"

得意子说:"地气不一定要坐在地上才能接到,气往上行,平时双盘时,双脚涌泉穴是对着天的方向,也不在地上,涌泉穴是接地气的开关,打开涌泉穴后,接应天地间气的充足能量,如同一个大罐子可以装很多东西,小罐子只能装一点,涌泉穴打开了,自然像大罐子一样可以为身体储存更多的地气,供应腿部气血运行通畅。"

说完,得意子飞身下树,声音从远处传来:"徒儿,好好修炼,灵山在树下陪你,老夫我待得闷了,出外耍耍,老夫回来前你一直保持修炼,不许下盘……"

我忙收回心神,运气进入观想,观想着气从劳宫穴进入涌泉穴，循环反复，开始时还能听见树上鸟声悠扬，风语沙沙，后来就什么也无见无闻了。

什么时候天黑，师父什么时候回来，我都不知道，灵山师兄追着几只野兔在树下跑来跑去，我也浑然不觉，等到一条蟒蛇爬至树上，盘在我身旁，也仿佛入定般不动，灵山师兄就上了树，坐在蟒蛇对面盯着蛇看。师父早已回来不知道躲在哪里观察，此时他忍不住了，说我的定力远远超出他的想象。他倒不是怕灵山对付不了蟒蛇误伤了我，他知道入定观想之人最怕气乱，万一扰乱我运气，他害怕我得气病。

师父飘身上树，轻舒猿臂，抓住蟒蛇，一松手把蛇丢至他处，瞪了顽皮的灵山一眼，仿佛说："你明知道师兄炼气怕走神，还不早点将这劳什子东西请走？"

待处理完，得意子方才唤醒我："好孩子，已经七个多时辰了，你果然非同凡响，老夫服了你这小娃娃！弹功调息通气法，你也是一天成就，明天开始进行阴阳平衡法修炼，你现在回去休息吧。"

我静坐了一天，丹田火热，气感充沛，下盘稍事休息后，自觉身轻如燕，腿脚经络无比舒畅，心下感激，也试着和灵山师兄一样一跃飞下树来，但落地时用力过猛，还是摔了个鼻青脸肿。

师父哈哈大笑："徒儿啊，你不会用丹田之气，故身体笨重，明天阴阳平衡法练完你再试试？"

我脸红不已,借着天黑,师父和师兄也看不见。

又是一夜无话,次日我早早起身,等待灵山师兄,左等不来,右等不至,刚想着出去寻一寻,就见师父穿一宽大红袍,如一朵红云飘至。…

我忙施礼,师父兴高采烈地说:"徒儿啊,今天看是否可以练完弹功第三层?走,咱们去洞庭中央。"

行至中庭,便见灵山师兄手持师父的长箫,微笑站立中央。

师父对我说:"徒儿,今天真正开始打开膝盖缝隙,通过这两天的开胯,开涌泉,我们完成了弹空的预备修炼,最后一项阴阳平衡法是你可以在阳丸成丸时静坐炉上双盘一天不动的基础,也是我们提高膝盖中气的能量的关键。"

我点头。

"修法不难,你先双盘,然后在双盘状态下用膝盖立起来行走,保持阴阳平衡,前两天是静功,今天你需要在运动状态下保持定力,心定才能保持平衡用膝盖走路,不但要双盘着走路还要丹田之气和命门之气互转,这不仅需要忍痛,更重要靠悟性。"

我没有多说什么,看了看师兄,灵山在对我微笑。

我双盘坐下,师父说:"好,双盘后试着用膝盖平稳着地,然后站起来,右手放置丹田处,左手放置身后命门处,运气时气从丹田下至膝盖,再从膝盖回至命门。用膝盖站立时,注意别急着走,先保持稳定,然后开始先迈出一个膝盖,稳定后另一只跟进。我们这么从右往左用膝盖走三个时辰,再开始反方向从左往右用膝盖走三个时辰,反方向走时,左手放置丹田,右手放置命门,运气时气由命门下至膝盖,再由膝盖转至丹田。"

我听得真切,丹田一较力用膝盖站起来,可刚一站起,便向前摔倒。灵山师兄扶着我,晃悠悠勉强用手撑起来,可膝盖一旦立着,就难以保持身体稳定,手扶着地,可以勉强站立,一松手,身体就往前往后倒,几次下来,我有些心急。

师父看着,说:"徒儿啊,平衡不在身,在心,你试着不要想怎么走,用心带动身体,先稳定心态后再放手,一要缓慢,二要有节奏,三要迈步大小一致。"

"是,师父。"

我经师父一提醒,知道了要点,故此不急着走,先用膝盖站立,静心调息,站稳了,开始缓慢将一个膝盖迈出去,稳定后跟进另一个膝盖。不到半个时辰,顺转已经很顺利了,我聚精会神一手放丹田,一手放命门,亦步亦趋,挥汗如雨,师父在旁边频频点头。

在我修炼时,师父在不远处悠悠地吹起了箫,洞中回音悠远,甘醇幽雅。

箫声有时幽深渺远,寄托宁静悠长的遐思,山河大地,柔美如现;有时又如龙在九霄,气破长虹,大漠孤烟直,长河落日圆;有时又迂回婉转,幽幽低吟。我汗流浃背,在箫声中逐渐体会返璞归真、契合本性的意境中。

三

这边皎然禅师不紧不慢地说着修炼茶丸功的经历，茶烹从来没有听师父讲述过自己的过去，更何况是这么细节的修炼经过，听得目眩神迷。

他害怕师父累了，不再说下去，不停地给师父烧水煮茶，捏腿揉脚，希望师父别停，关键是皎然禅师二十多年从未跟任何人讲过这件事情，今日回首往事，不觉历历在目，好像就发生在昨天。

师父得意子爽朗的笑容，师兄灵山顽皮的脸，得意洞府的巍然精致，终南山的苦修岁月，一切都那么熟悉。

他稍微顿了一下，接着说道：

第五日开始，师父就让师兄带我进入火空法修炼。

这天清晨我们三人再次来到洞中的修炼房，师父双手上下一运气，即见一团火苗顺着气跃至柴中，柴噼啪噼啪地自燃起来，房中顿时光亮起来。

师父心情甚好，自己先盘腿坐下，看着两个小徒。

灵山问道："师兄，双盘坐第一需要打开膝盖，增加膝盖的空的成分，第二要打开的是什么你知道吗？"

我想了想，摇头。

灵山师兄说："人打坐状态静止不动，膝盖是第一个要保护的地方，第二个要打开的是一片区域，从会阴穴开始至肛门至臀部再至大腿内侧最后到膝盖，整个盘腿着地的部位，是火空法需要修炼的区域。人体的点火器在会阴穴，如昏迷、抽搐均可点击会阴穴救治，这也是下丹田的生机之地，故火空法重在修炼这个区域的弹性能量。"

我盘腿坐下，师父说："灵山说得非常好，火空法修炼第一需要提高下盘的能量，徒儿，你现在开始先养气一个时辰。将地气充沛于丹田，然后不用手，用腹部力量打开双盘成横叉状态停留一个呼吸，再自动回复双盘状态，如这一次双盘右脚在上，那打开成横叉后恢复双盘就改左脚在上，如此反复。灵山会陪你一起做，不可用手帮助双盘，双手交叉置于丹田处，完全依靠丹田力与气的配合，保持修炼三个时辰结束，结束后再次静坐一个时辰养气，将刚才所炼之部位完全放松。"

我点头："弟子明白了。"

我从小清瘦，经络通畅，平时打拳静坐，原只是不懂练法而已，师父一说，我立即明白了要点。灵山师兄先示范了一下怎么开腿，怎么开叉，怎么回盘，我便开始练习，不多久，便掌握方法，越练越顺畅。

师父看我样样学习都那么快，高兴地站起身来持箫走开，箫声起处，长空一色，云烟袅袅；箫声来时，江涵秋影，水静云苍；雁落平沙，云如彼岸，斜阳停淡，箫声从远方若有若无传来之时有无限的孤寂之美。

我自小爱箫，那份孤傲和清雅，唯有摒弃杂念、凝神静气的时候，才能体味到其中的卓然不群。

家父也是爱箫之人，他品箫制箫，幼时见父亲会寻一个微风拂面的日子，找一处清幽的山谷，闲闲品箫。常谓我言"箫音可以静神虑，绝尘俗"。

师父的箫音有时轻松和缓、幽静深邃，有时沉重郁抑、激昂慷慨，真如行云流水一般。正凝神听音，仿佛和空灵在对话，突听师父吹完一曲高亢明亮的音后一阵大笑，恣肆旷达，

回肠荡气，实乃惊天地泣鬼神的大丈夫也。

过了一会儿，师父回来对我说：

"徒儿，现在我们需要进行下一步练习，你用手撑在身后，发力让身体腾空而起，在空中完成刚才所练双盘打开后回复双盘的动作，只是不要开横叉了，腾起后空中打开双盘即刻在空中盘回来，同样如果这次是右脚在上，下次腾起自动打开后改左脚在上，如此反复，双手始终放在身后，落下后调整两个呼吸，即再次腾空。老夫我累了，呼呼去也，徒儿和灵山一起认真修炼，什么时候老夫睡醒回来才可休息。"

师父说着就走了。

我在灵山师兄指导下，试了试动作，问道：

"师兄，我的手打地腾空时感觉腾起的高度不够，无法和你一样在空中快速回复双盘，如何是好？"

师兄道："你打地的力量不对，力量需在打地的瞬间爆发，用手腕的爆发力而非手肘和手臂的力量，你再试试？"

言毕再次示范，我看着他的动作自己琢磨了一下，灵山师兄又一次一次耐心地帮我纠正，果然发现了差异。

好像没多久，师父便回来了，他根本没去休息，看到我已经找到发力点，腾起自如，便说：

"徒儿，你是千年不遇的好徒儿，我也是百年不遇的妙师父，哈哈，咱们今天把火空三法全部修成如何？之前先师传我火空法用了四十九日方才完成，老夫我遇见你，真正算是大开眼界啊！"

我顾不上擦去脸上的汗，说：

"师父，弟子虽初次练习火空法，但摄心一处，精气内收，感觉并不困难，只需在打开和回复时找到平衡点，灵山师兄辛苦教诲，亲身示范，弟子并无神奇之处，无非比常人肯用心领悟罢了。"

师父说："徒儿，火空的最后一法比前二法难百倍，需要你用意念将丹田气凝住，然后不用手，自己提气腾空而起，离地时打开双盘再回复双盘落地。此时要点，腰部丹田发力要均匀，意念集中，不可散乱，感觉到腾空后即打开和回复双盘，不可有杂念，否则必然摔落地上。"

我听后不语，师父见状，忙问："徒儿，你没有信心练吗？"

我说："师父，弟子不是没有信心，只是弟子以前听说过这种功夫，弟子在想曾经在哪本书上看见过？"

师父哈哈大笑，道：

"徒儿，你别想了，本门茶丸功重实修，你小小年纪读了那么多书，比老夫我吃的饭都多，老夫连字都不认识，先师只让我这不爱读书之人背过《金刚经》、《道德经》，现在也想不起来啦，一切功夫不实修，用脑子能想象出阴阳二丸吗？智慧引导功夫才能真正成就，否则功夫再高遇到心魔就只有走火入魔了，道要证道，悟要自悟，功夫也要实修才有用啊！"

"师父所言极是！"

"徒儿，老夫不扰你修炼了，多长时间可以练成人人根器不同，火空第三法修炼灵山修了半年也没有修成，他从现在开始自是帮不到你，此法在于放空心境，和修炼时间长短无关，修炼一辈子达不到此境之人多不胜数，有慧根者自然神速，徒儿自己体悟吧……"

话音未落，一拉灵山，均已不见踪影，我心里苦笑，遇见这样的师父，也是我的福气。

我在洞中苦练不二茶丸功时，母亲已经病愈，并找到父亲挚友，安住在长安，慢慢寻找途径救父出狱。

终于在第二十一天，成就了火空三法。

这一日，师父带着灵山师兄和我来到大峪的一个山溪边，溪水潺潺，顺着溪水的方向行进，我意外地发现一个小湖，满目皆绿，翠茵扑面，湖水湛蓝透明，群山环抱，湖中几只水鸟在戏耍玩闹。

师父美美地躺在湖边，灵山背后站立，阳光透过湖边的大树斑驳地洒在师父的衣袍上,我盘腿坐在湖边的石头上,看着湖水中倒影巍峨的山峰、变幻的彩云,以及自己的身影。

不多久,师父便开始讲解不二阳丸最后一个丹空法的修炼要诀。

"徒儿,丹空法是阳丸三法最后一法,是要将人上、中、下丹田净化,通常我们说下丹田储存人的气,上丹田储存人的神。人的力量、物质储存在下丹田处,而精气,智慧储存在上丹田,一动一静,水乳交融。中丹田是情绪的发散地,上下的通路,喜怒哀乐都在中丹田表现出来,情绪激烈的人最容易堵塞,中丹田一堵,上下丹田就没有了沟通的渠道,能量和智慧不能互补,动静无法平衡,就是我们常说的动静失调。丹空法就是打通上中下丹田,让人体大小周天循环流动,任督二脉气脉通畅。"

我和灵山都在静静地听着,如一块海绵吸收着师父的智慧。

师父继续说,"老夫现在要睡了,徒儿们先背对阳光打坐养气一个时辰,然后双手结空心拳,手臂放松,交叉用力叩击下丹田,每次吸气时叩击丹田后用力将手弹出,注意手腕用力,其他部位放松。反复循环直到老夫醒来……"

我们齐齐答应一声,就径自开始双盘养气,不觉一个时辰很快过去,便开始叩击下丹田。灵山发出"嘿嘿"的声音,我却是"哈哈",打了一会儿,师兄发现我"哈哈"的声音更响亮,便也改成"哈哈",只是灵山师兄童音未退,发出的"哈哈"声实在很滑稽,师父翻身看了我们一眼,又睡去。

击打一会儿,感觉下丹田好似着火一般。

师父其实并未酣睡,看着我们渐入佳境,便问:"徒儿,现在你们下丹田处什么感觉?"

我说:"师父,徒儿感觉火烧火燎……"

灵山说:"师父,徒儿想撒尿……"

说到这里时,茶烹忍不住哈哈大笑起来,皎然瞪了他一眼,吓得他慌忙止住傻笑,凝神静气等着师父往下叙说。

师父当时气道:"你这娃娃,哪来如此这般这么多尿?"

灵山师兄拖着哭音:"师父,真的一打就想尿,徒儿快憋死啦,师父救命啊!"

师父无奈,一摆手,师兄飞也似弹起来,双盘着对空撒尿,尿柱如一道拱桥落在草地上。

尿完,师兄飘飘落下,整个动作娴熟、优雅,如舞蹈一般流畅。

我看呆了,师父道:"徒儿,此乃你已经成就的火空第三法,灵山修炼此功,时成时无,很不稳定,每次修炼,尿急不让下盘,他便可以弹起半空双盘着成就此功,实在是气死老夫了，没有尿，他便弹不起来。"

我也忍不住哈哈大笑，对着师兄点头，说："师兄，你的神功原来如此练就，佩服！"

师父接着说："徒儿，你现在的感觉是气动的征兆，很好，继续一个时辰养气，用意念将气守至下丹田，保持缓慢腹部呼吸。"

我说好，就默然无语，静静养气。

这时师父抓起师兄，不让他继续盘了，师兄闲着无聊，便在地上用泥土做了些泥丸，然后用泥丸击打远处树叶，打够了树叶，便将泥瓦抛掷空中，让师父闭目击打泥丸，师徒二人玩够了，师父又呼呼睡去。

再次醒来时，师父叫我起身，说："徒儿，现在你跪在地上，头和膝盖保持一臂距离时将头顶着地，然后腿直起，两脚腾空，头倒立。"

我跟随指令倒立起来。

师父又道："现在我们倒立着开横叉，然后横叉转双盘，保持三个呼吸后，将膝盖朝上，再落地下来，如此反复，清理上丹田。"

我说知道了，就开始练习倒立，头倒立是从小常做的姿势，开横叉结双盘对我也没有太多难度，因此很快完成了

四十九遍。

已近子时，师父对我说："徒儿，清理上丹田是练习丹空的基础，现在我们要进行深层净化上丹田的修炼，佛家说人有眼、耳、鼻、舌、身、意六根，我们现在开始修炼眼耳鼻舌意这五根净化。"

我问道："师父，这五根修炼和时间、地点有关系吗？"

师父说："子时乃生时，这些观想净化修炼需心生清静，你知道湖成月自来的道理吗？能量的修炼也是如此，你具备了心中的湖水，那能量便如头顶的这一轮明月自然会投影到你心中……"

我说："徒儿明白了，今天全天的叩击、养气、倒立都是为现在净化上丹田做准备，是吗？"

师父没有答我，继续说："徒儿听真切：

眼根修炼

双手在眼前方一臂距离，缓慢回到眼睛处，掌心劳宫穴对准眼珠，结空心掌，观想眼睛明亮，肝中浊气清除。如此反复三十六遍。

耳根修炼

双手在两侧耳旁一臂距离，缓慢回到耳前，掌心劳宫穴对准耳孔，结空心掌，观想耳根清静，天籁动听，如此反复三十六遍。

鼻根修炼

一手放置下丹田处，另一手拇指按住同侧鼻孔，大力快速吸气，屏息后，缓慢同侧鼻孔呼气，观想脑部净化，气息通畅。对侧相同。反复各三十六遍。

舌根修炼

先扣齿十八次，再将舌头根部抬起至上颚，三十六次。最后抿嘴将舌头顺牙齿抵住嘴唇顺转三十六次，逆转三十六次。观想声音洪亮，喉舌通顺。

意根修炼

双手叠放头顶百会穴，吸气抬起一臂距离，屏息，呼气回至百会穴，观想天人合一，精气内敛。"

我自小过目不忘，尽管师父说得飞快，但我心里早已一一记下。

转眼天色拂晓，斗转星移，我一夜认真修炼丹空法，一旁师父和灵山抵足而眠，沉睡不醒，我修完不忍叫醒他们。

自己深吸这山中清浩之气，极目望去，看着晨曦中远山岱岱，静湖如烟，我心如止水，体会这梦一般的日子。

灵山师兄先醒来，微笑着陪着我临湖观鸟。

师父一直酣睡至日出三竿方醒，啪啪拍了拍身上的灰尘，

看着我和师兄傻笑，我被师父看得不好意思起来，问：

"师父，这里风景如画，天高云淡，师父不看风景，看徒儿作甚？"

师父道："徒儿，你是那天下至宝，有了你，这山、这湖也算风景吗？来来来，我们今天完成这丹空法最后中丹田净化。"

我问："师父，为何先练下，再炼上，最后习炼中丹田？"

师父道："上、下丹田净化后，我们才能梳理中丹田这个流通驿站，大多数修行的人、练武的人，最终不能成就就是中丹田打不开，情绪起伏，以致岔气。徒儿啊，今天我们打开了中丹田就可以修炼阳丸了，一旦阳丸炼成，你的功夫修炼就结束了，此后阴丸修炼全靠自己智慧的能量带动，师父也只知道方法，帮不了你了。一切要依靠自己了。"

我问道："师父，太师父炼成阴丸了吗？"

师父说："先师修成阴丸，可惜最后的不二心法不够圆满，阴阳二丸无法合一入体。先师遗憾离世之时，嘱我游历寻徒，说三十年内必然有神童出世，可传此功与他。"

我往空三拜，感恩太师父冥冥相助。

师父接着说："丹空第三阶段需要在午时练习，现在时辰已近，徒儿速速听好！"

我肃然听法。

师父道："打开中丹田需用丹音功。首先保持一个时辰的双盘养气，后深吸气，先是腹部，再吸满整个胸腔，前后左右整个胸腔充满了气，这时发出'噢'的长音呼气，呼气时舌抵上腭，闭口感觉整个口腔和下丹田的强烈震动。如此反复练习一个时辰，再接着养气一个时辰。"

看我点头，他接着说：

"养气一个时辰后再次吸气，吸满胸腔，这时发出'啊'的长音呼气，此时嘴巴微张，感觉气从胸腔向外宣泄。直到所有气被呼出体外，如此吸气呼气反复练习一个时辰后再养气一个时辰。"

我再次点头，师父说：

"最后再次吸气，吸满胸腔，一定要让胸部鼓鼓的，各个部位充满气的能量后，快速发出'哼'的短音，将气自鼻腔用力呼出，感觉气从肛门出去。此时迅速清空腹部，这样反复练习一个时辰。此六个时辰丹音练习可打开中丹田，正好从午时练至子时，然后再重复一遍，从子时练至午时。徒儿练毕自行下山回长安去吧。"

我大惊道："师父，这就完成茶丸功了？"

"徒儿回去将老夫所教修法每日反复练习，待至冬至，天地间阳气回升，正是阳丸修炼最相应的时机，徒儿可来此地等候老夫，我们修成阳丸。"

我听罢，知道师父要走，忙问道："师父去哪里？不需要徒儿

跟随吗？"

师父道："一来老夫昨晚入静时似见你母亲挂念你，你走时匆忙，也没有知会她，所以尽快回去，免她记挂；二来，阳丸九法你虽全部学会，但未见圆融无碍，需反复体会。除了身体的功夫，此九法来龙去脉，徒儿也要思想清楚，方能融为一体；三来，老夫和灵山需外出准备修炼阳丸的物品、玉石、茶叶等，物料备齐至少需几个月，只好和徒儿暂别啦。"

我心中不舍，但见话已至此，只好合十恭送恩师，自行潜心修炼。

四

一天的时间，茶烹在师父房内听师父回忆修炼茶丸功的经历，只听得他心醉神迷，不能自已。

一直到天黑晚饭时，师父方停下叙述，说："徒儿啊，我二十多年来，首次与人讲述这段经历，如果没有师父传授我茶丸功，成就不二心法，我必无今日，也不会出家为僧。"

茶烹问："师父，为什么不会出家为僧？"

皎然叹了口气，说："我练就阳丸后，功夫突飞猛进，自是无限欢喜，后来父亲冤案昭雪，一家人团聚，花好月圆。"

茶烹说："师父，这是好事啊！"

皎然说："正是，常人眼中，此事甚好，可惜，我的功夫再也没有进步。如此一年下来，不但没有进步，由于智慧没有跟上功夫，反而为功夫所害，年轻气盛，特别容易发脾气，路见不平恨不得立即拔刀相救，差点变成一个侠客。"

茶烹笑道："师父又这么好的功夫，变成侠客也会救人无数。"

皎然说："家父是修为之人，发现我身上戾气日盛，便和我讨论阴阳二丸的效用、平衡，最后决定将我送至寺庙出家。"

喝了口茶，皎然继续说："开始时我还不太理解，直到入寺修行三年，方才体会阴丸的境界，于是进终南山寻找恩师。"

"那，您找到师公了吗？"

"没有，找到了师兄灵山，他说师父云游去了，让他在山中等我，助我成就阴丸功。"

"那，师父如何成就阳丸的呢？"

我那一日下山回到长安，根据母亲留下的地址找到寄宿的人家，母子相见，自是悲喜交加，我告诉母亲如何巧遇师父和小师兄，得闻大法等等，说了一夜也说不够。

转眼冬至，这一日我拜别母亲，轻车熟路找到终南山小湖边等候师父。湖水清幽，我看看时候尚早，左右无人，便心思一动，将衣衫一除，下湖中戏水。这湖水当真冰凉彻骨，我感觉刀刺般疼痛，不久，便周身发热，气血运行，好不舒服。

天空中飞来几只小鸟，叽叽喳喳不肯离开，我兴高采烈地唱了起来，鸟儿越聚越多，我越游越开心，游着游着抬头看见师父坐在岸边。

我慌忙起来，穿衣上前给师父施礼。

师父嘻嘻笑道："徒儿好嗓音，唱得当真有气魄！老夫几公里之外已然领受，哈哈，这在水里颂也如此了得吗？老夫改天也试试！"

我不禁腼腆起来，问道："师父，我们现在去哪里？"

师父想了想："随我上山，会你灵山师兄。"

我原以为要走路上山，没想到师父将我带至山脊处，抬眼望去，山势陡峭，高不见顶。

我正思量时，只见师父探囊取出一个铁爪，往岩石上一抛，铁爪飞将出去，抓稳岩壁，师父飞身而上，一手抓住我，一手抓住铁爪，腾空而起。我恍如梦中。

师父脚尖点地，轻贴崖壁，不一会跃至一个平台。

放下我后，师父挺身而立，顺着师父的眼望山下，彩云如沧海，变幻莫测。

山峰陡峭险峻，山顶上狂风肆掠，拍打着我们的脸。不久，天色暗下来，一条璀璨的银河渐渐呈现眼前，将雪白的山峰印照得更加清亮。

师父道："徒儿，你先运气护身，子时一阳初升，三星明亮，正是修炼的大好时机。你不可下台，老夫和灵山为你护法，一会即点燃木柴，火力一日不可灭，你需运真气护身，外御风寒，内降炙热，内息发动，清气自大小周天循环往复不止，一心不乱，方可成丸。"

我依言双盘坐下。

师父朗声道：

"徒儿，你先和十方气场相应，手结定印，发真气分别上接冥冥天气，再接东、南、西、北、东南、西南、东北、西北八方之玄玄灵气，最后下接莽莽地气，气定后，将真气打至上下左右各三尺再回收，将此十方浩然气收回养至丹田后内观调息，子时到时，老夫自会发音告知。"

我点头:"徒儿明白了。"

师父手指灵山:"徒儿现在开始点火烧石,老夫要运气开通玉石能量,待此亿万年之天石热气上熏至三十三斤茶气启动,玉茶之气通融合一,可直达徒儿之心。子时到时,徒儿头顶便会现一团热气,自三星向下旋转而至,由小及大,最后将你整个身体包裹起来,可感触不可眼见。"

灵山低头道:"徒儿明白。"

师父交代妥当,席地而坐,眼观鼻,鼻观心,感通十方正气,运气启动玉石能量。

这边灵山开始点火烧石,我闭目和十方灵气接应,不一会儿就有热气自下而上,由脚心至膝盖,再至下丹田,于是突然明白了为什么第一阶段火空修炼先要让膝盖空、大腿空、胯骨空,心中杂念一起,立即就坐不住了,腿部感觉热,上身感觉冷,赶忙收回意念,集中运气导引,逐渐就感觉不到下盘的灼热了……

不久,便听见师父说话:"徒儿,现在已到子时,你身体已被清气包裹,已不可眼见身外之物,老夫在台下。循环十二时辰你需将身体融合由下而上的茶气,此茶气经天石能量熏发,气冲九霄,你须摄心一处,方可吸收,茶气入体后,你感觉各个穴位针刺般冷热交替,待冷感消失,你可循经脉将气

存至下丹田，凝气凝神。徒儿此间万不可有杂念，否则气脉混乱，恐致大祸。"

师父停了停，接着说道：

"你体内真气充沛，方可接引十方灵气，现在持续补充灵茶天石能量给你，气如白云般可聚散离合，内外之气相应，集散分合体内之气全凭一心不乱，阳丸乃收集十方之灵气所得，山神地鬼天魔俱会阻扰，徒儿万不可分心。正念可祛心魔，所见一切俱不必在意，幻觉而已，十二时辰后茶气融通，内结丹田，老夫才可眼见你阳气显现。此阶段老夫不会和你讲话，你安心运气，勿受外扰。"

我听得清楚，慢慢感觉茶气上升，这茶气好像不同于一般水气，直接钻进体内，忽冷忽热，散乱不已，我忙定神调息，疏导游走之气归运至各个穴位。

多股茶气源源不断进入体内，我正导引接气时，仿佛又隐隐听见有一个雄厚的声音传来：

"你何需受这些苦？搞不好会走火入魔，快快下台去吧。"

我正疑惑谁在旁边这么说话，一阵寒风过心，手脚仿佛跌入冰窟，半身全无知觉，丹田气息全无，我知道不好，不敢多想，重新径自体会茶气入经脉，归纳入穴。

这时又听见妈妈的声音传来:"孩子,你父亲已经过世了,你快回来……"

妈妈尚未说完,另一个阴森森的声音凸现:"你已经跌入外道魔障,还不速速离开?"

各种声音此起彼伏,熟悉的,陌生的,近的,远的,我将耳根关闭,如石雕般静坐不动,任你群魔乱舞,我自慧心自在……

也不知道多长时间过去,从开始的忽冷忽热,到心魔四起,再到燥热不堪,最后气归丹田,心如止水,我慢慢感觉眼前清凉,微微睁眼一看,师父、灵山师兄站立台下笑容可掬。

师父见我喜道:"徒儿啊,你克除无数心魔,终将气导入丹田,老夫欢喜。你现在用意念将体外之茶气和四面八方天地灵气相应,在上、中、下丹田外各有三十六颗小丸,上丹田为蓝色,中丹田为红色,下丹田为黑色,共一百零八丸。"

我点头,再次闭目调息。灵山师兄守护着柴火不灭,只见玉石火红,茶气渺渺,整个平台笼罩在火光中,师父持箫在台下护持,苍凉的箫声悠悠绵长,不绝于耳,洗心平气,我此时不断感受周遭温度气场的变幻。

山顶风大,灵山师兄为保火力不减,需不断添加木柴。

选择炼丸台是很有讲究的，首先要找山顶开阔处，但最好远处又有巨石可挡风，既开阔又有巨石的顶峰才能空气流通。

此时突起一阵狂风，台上火势顿减，师父睁眼一瞧，但见火力不足，左右一望却发现木柴已用完。师父想了想，咬牙自腰中掏出阳丸投进火中，阳丸入火，火光顿时通天发亮，一束强光直达上空，将黑夜照如白昼。光芒中清晰可见我全身重新被光环围绕，上丹田是幽幽蓝光清明，中丹田是冉冉红光透彻，下丹田是沉沉黑光笼罩，每个光环上密布一些气丸正跟随气脉跳动不已……

灵山在一边看见师父将自己的阳丸投入火中助力，他急着上前阻止却来不及了，灵山长跪哭道："师父，您将阳丸助燃，师父十年心血岂不白费了？师父啊，都是徒儿准备不足。"

师父仰天道："起来吧！老夫年岁已高，自当不久人世，有好徒儿受法，未来教化冥顽，老夫死而无憾，先师死而不亡也！今天天气突变，皆为天命，老夫本来智慧不够，今天看见好徒儿成就，老夫还有什么放不下的？哈哈！"

此时，我渐渐恢复听力，一番对话，听得真真切切，心中感动，气脉翻滚，师父一看便知我杂念顿起，赶紧叫道：

"徒儿，你成败在此一举，万不可胡思乱想，立即将身外茶丸分别运气弹出去，蓝丸弹向上空，红丸平行弹向四方，黑丸向下弹出。和天、山、地融为一体后，徒儿迅速入定，一个时辰后，十方茶气凝结，阳丸自当呈现在你左手上。"

说罢，还是不放心，"徒儿切记不可分心，心入空灵，无他无自，无生无灭，无垢无净，无增无减，与天地共存，无论感觉看见什么，听见什么，都不可停留。记住静而能安，安而能定，定而能慧，慧而开悟，悟而后得！"

我不语，自下而上凝神运气，先运气将头顶的蓝丸冲上九霄，蓝丸在空中瞬间消失，然后再运气将红丸往前后左右弹开，"呼"的一声，光芒四散，将山峦映得鲜红。最后我运气将黑丸弹向地面，只听见"噼啪"的声音，黑丸射入火中，噼噼作响。

弹丸毕，我开始入定，开始时，仿佛看见天空湛蓝，蓝丸融入天河化成烟，变作云，飘渺虚幻……又仿佛看见周围炙热火红，红丸汇入四方，弥漫舒展……还仿佛看见地下江河奔流，黑土肥沃，黑丸深入大地，滋养灌溉，孕育万物生长……

再过时，看见妈妈、师父、父亲、灵山师兄……亲切和蔼一一浮现眼前。

最后，就什么也看不见了，微微感觉到头顶的寒风和四周的茶气交融成一股清香的气流，气流越来越清晰，从十方净土汇集过来，突然间感觉手心一沉，一股清凉从脚心直至头顶，睁眼看时，一颗火红半透明的阳丸在手，模模糊糊看见台下师父和师兄在微笑。

第四章 丹阳手

茶，

香叶，嫩芽，

慕诗客，爱僧家。

碾雕白玉，罗织红纱。

铫煎黄蕊色，碗转曲尘花。

夜后邀陪明月，晨前命对朝霞。

洗尽古今人不倦，将至醉后岂堪夸。

一

妙喜寺不远有座小山，山不高，这里竹林密布，初春万物勃发，青翠不可言状；盛夏泉水长流，一片清凉世界，山里人叫它清凉山；深秋红叶烂漫，如同丹霞彩陂；隆冬雪映兰亭，间或青崖点缀，四季可人。

山腰上有个洞穴，掩映在烟山云树之中，四季恒温，又称清凉洞，洞内蜿蜒近百米，洞内有滴水成潭，一进洞果然立时能感受到扑面的清凉。洞高十余米，深处目不可见外物，早上一丝光明自洞外射入，顿觉万仞深渊，豁然开朗。

自从讲完了茶丸修炼的经历，第二天开始，茶烹就应师父之命搬来了这清凉洞修炼阳丸弹空、火空、丹空三法。皎然给茶烹定下修炼计划是两次百日专修，成就弹空和火空二法，最后的丹空只剩下四十九天时间给他精进，因为必须赶在冬至前完成三法，今年才可以成就阳丸。

茶烹有过八年坐禅的基础，双盘功夫比皎然当年修茶丸的条件好，加上他本人一心一意，自然就有希望今年修炼成就茶丸功。

今天师徒二人天蒙蒙亮就开始翻过后山，呼纳着清新湿润的早春的空气，皎然亲自送茶烹进洞，安排他每天修炼的时间、计划、注意点，他告诉茶烹自己每半月过来探望他一次，这次除了正常修炼外，皎然还给茶烹布置了每天一个时辰单独品茶入静的功课。

茶烹先用木头铺了一块板，既可以睡觉又可以打坐，然后他

在洞中支起了一堆柴火,火上架了一个大铁壶烧水。

耳中传来清脆的黄鹂鸟的啼鸣,在山谷中回荡着。年年岁岁,鸟儿按时鸣唱,花儿定时开放,这是大自然的奥妙,岁月就在指尖不经意地流淌着。

师徒二人舒服地围炉而坐,听着洞外鸟声清扬,品味着浓郁的茶香在洞中弥漫起来,两人平静地坐着,茶烹心中满满都是幸福的感觉。

洞中有一种宁静恬然的气氛,师徒二人相对无语坐了一会儿,皎然看了看铁壶中"吱吱"作响的开水,对茶烹说道:

"自从古巴蜀国开始培养茶树,人先将茶作为菜食用,后来大家发现茶叶有解渴、提神和医治某些疾病的效果,故将茶叶独自煮成菜羹,后又将其熬煮成茶水作为饮料。商周时期,茶叶进贡给周武王,这种饮食茶叶的文化得以承继和开展,茶苦后回甘,生津怡神,春秋战国时,茶叶传至黄河中下游区域。古时茶的称号有许多,如荼、诧、苦荼、茗、皋卢、茶等,用得最多的是荼字。到了汉代,已经有专门的茶市,两晋南北朝时期,喝茶之风撒播到长江中下游,已经开始有茶宴、茶祀等茶事。文人雅士多喜饮茶。到了我朝,喝茶习尚已普及,南边已有四十三个州、郡产茶。"

茶烹一边听着师父讲茶的历史,一边将带来的团茶烤热,然后将茶研碎。火烧开后他加入一勺茶末,茶与水交融,这时壶中出现沫饽,沫为细小茶花,饽为大花,皆为茶之精。茶烹细心地将沫饽舀出,置熟盂之中,以备用,然后继续煮,茶与水进一步融合,波滚浪涌,茶烹将刚才盛出之沫饽浇回茶壶中,止沸后将茶汤斟入师父碗中,请师父品尝。

皎然微笑着品尝徒弟精心烹煮的茶汤,继续说道:

"各种修行法门大多以调息、数息入门,因为呼吸是连接意识、灵性的通道,凡人之动不外四种:一为'行';二为'住';三为'坐';四为'卧'。调息法以坐为最相宜,行时立时,身体和精神不容易安定,卧时身体和精神又易入昏昧,只有坐时可以安静,故称为'静坐'。坐时身心放松配合平时为师传你的茶熏法得茶气,再配合每周三次香露、竹露、松露茶丸,可使血行加快,经脉通畅。"

"是,徒儿明白了。"茶烹看着柴火快熄灭了,赶紧起身添柴,过了一会儿,又开始询问:

"师父,我们平时坐禅时,有些师兄坐立不安,是否就是不放松之故?"

"呵呵,是的,放松就是没有执着,既不执着于痛和坐,也不执着于悟和禅,更不执着于法和理,我们身心紧张的原因一是执着于自我,二是习惯。执着自我时会产生自我保护的本能,当遇到任何外来刺激,杂念纷呈身心紧张产生压力,而习惯则是即使外界压力解除后,身心仍会保持在压力状态,在记忆中不断增加新的压力,自我一层一层束缚,所谓'一朝被蛇咬,十年怕井绳''草木皆兵'。人在放松时,自我消失,每一个心念、每一个因缘,都是全新的,每一刻都是新生的一刻,不再受到制约。即可活在当下,放松时身体像空气、像光,自然柔软,天地合一,喜悦平和。"

"师父,那有些师兄说放松时就想睡觉,这是什么道理?"

"那是松懈,不是放松。放松不是松垮垮,我们真正放松时,身体充满气机,皮肤会像婴儿一样红润且血液流通顺畅,充满弹性,轻灵饱满,宛如海绵或气球一般,婴儿有弯腰驼背、松垮垮的样子吗?相反身体松懈和松塌,是没有放松,五脏六腑受到压迫。当放松时,自然而然重心就会下沉到丹田,自然以丹田呼吸。我们轻轻推动幼童的身体,他会自然以腰为中心,灵活地转动,以下丹田、腰部为中心和呼吸点的身体是放松的,生机充盈,有着无穷的生命力。"

"徒儿今天算是明白什么是放松了!"

"好了,时候不早,我也该回去了,您今天开始弹空法的修炼,这七天先保持开始修炼弹空法,就是增加膝盖中气的含量。明天开始每天先双盘后意守丹田,将掌心劳宫对准两边胯骨,似空非空,然后深吸气,等气息充满胸腔后,将气运转至丹田,然后将气分别从丹田均匀再次推至两侧胯骨处,如此反复循环,三个时辰为一次,每天三次。"

"谨遵师命！"

皎然说完，躬身出洞回寺。

茶烹今天需要把洞里清理干净。师父走后，他仔细检查了一遍山洞，摸清楚水源、光线、暗石，他发现洞中除了他，居然还有几只大若小脸盆似的黑色蝙蝠在洞的深处居住，他走近时，蝙蝠突地飞起来，翅膀呼呼作响，如风似涛，吓了他一跳。

洞口有两株几十厘米高的小茶树，覆盖在崖壁上，长势旺盛、叶色深绿、叶面隆起。洞口土坯表层有软软的蝙蝠粪便，是茶树的天然营养。有泉水自上方流下，终年湿润着洞口茶树。

忙乎了一天，茶烹捡了许多干树枝、木块回来烧火，终于大致收拾妥当。

茶烹就着清凉的月光来到泉水边，脚踩在石上，用瓢舀水，身影随月光入水中，小杓分水，清水入桶。山泉水里飘落着几片腐败的落叶，这些树上凋落的树叶或落在地上，或在水中，变化成养分，然后重新滋养着周围的草木,这些凋落的树叶啊，它们到底是死亡了，还是重生了呢？

有一颗圆圆的月亮在泉水中忽隐忽现，茶烹喜欢月光的温柔，他把泉水装入水桶中，带着柔柔的那轮明月归至洞中。

这个清明的深山之夜，有明月、泉水、茶香、清风做伴，如

此清幽雅致的夜，纯粹而温和，他美美地生柴煮茶，看那泉水沸如雪乳，蟹目生、鱼眼起；听那煮茶声，嗖嗖如松风带雨鸣，未饮便先心神俱荡，洞外风声入耳，洞内甘醇入心。

茶烹敛心静气、凝神遐想，当心随茶气袅袅升腾、慢慢散淡的那一刻，最是销魂。这时，禅茶一味的真谛早已浸润在气韵流汩的茶香之中了。品茶之乐正在于这当下轻松和随意之间，而非刻意求之所得。

我们煮茶第一需要等待沸水的耐心，第二需要如何泡好茶的细心，第三需要和茶契合的专心，第四则是有一颗品味茶的静心。普通人喝茶只知道讲究茶的滋味，茶人喝的不仅是茶的滋味，而是人生的滋味。不同的茶，像极了生命中或凉或暖的时光。很多事情，虽然美好，但不会持久；很多痛苦，虽然难过，但终究会过去。师父常说茶溶于水，方有芬芳四溢；人融于世，方能广结福源。修行，从来不是为了追求离世的完美，而是领悟烦恼即普通的智慧，以慧心入世，心静下来时，无论什么境遇，总有滋味的。

茶烹此刻感觉到从未有过的平静，他静静地一个人坐着，头顶渐渐有清凉之感，慢慢地这种清凉从脚底和会阴处一起发起，一路往上，整个身体是轻灵的，似乎要飞起来一般……

当时间从指尖流过,我在哪里?
当心念在心头闪过,心在哪里?

二

师父曾教诲:坐禅先要入静,但"静"就是"静",刻意用心去求"静",再为了寻找求"静"的方法,那岂不是多一番乱吗?师父说"树欲静而风不止",还说"君心正在闹,且自休去"。

《妙法莲华经》说,"经云:'若人静坐一须臾,胜造恒沙七宝塔。'静坐一法,可使人脱离尘劳,身心安泰,自性圆明,生死了脱。一须臾者,一刹那之间也。若人以清净心,返照回光,坐须臾之久,纵不能悟道,而其正因佛性已种,自有成就之日。若是如法,一须臾之间,是可以成佛的。"

当时他十分不理解，问师父："师父，那是不是可以不必求'静'呢？"

师父笑道："那也未必，不必陈义太高，人身心习惯了动态，念念迁流好比多头的瀑布、澎湃的江河，而血脉、气脉运行，身体时刻都会有苦乐酸麻胀痛昏沉的感受，尤其在静坐的时候，身体内潜伏的病根在哪里，虚弱和受过伤的地方，这些地方就会先有反应，如酸、痛、冷、热、痒等感觉，比起不静的时候还要强烈许多倍。所以一般刚开始静坐的人，往往发现自己的杂念不断，比起不坐的时候，更加烦燥、恐慌，多数人认为自己不适合坐禅。"

茶烹问："师父，那怎么面对这些感觉呢？"

"一心不生，万法无咎。"

再问："师父，如何可以一心不生？"

"无念则静，心静则清，心清则明，心明则灵。"

茶烹就是这么坐禅的，八年下来，修得心如止水。直到遇见季兰，这一湖平静的水被季兰这股狂风吹得心似狂潮。

今天自己一个人开始练习"弹空法"，可以没一会儿，茶烹的心里、眼里就全是季兰的影子在闪烁。

这个兰姑不就是"翩若惊鸿，婉若游龙，荣曜秋菊，华茂春松"？

第四章 丹阳手

不就是"兮若轻云之蔽月,飘兮若流风之回雪。远而望之,皎若太阳升朝霞。迫而察之,灼若芙蕖出渌波"?

茶烹的心态可不就是当年的翩翩曹公子?"余情悦其淑美兮,心振荡而不怡"。

茶烹心想,这《洛神赋》是为我写的吧?出家前初见此赋即不忘宓妃之"体迅飞凫,飘忽若神。凌波微步,罗袜生尘。动无常则,若危若安。进止难期,若往若还。转眄流精,光润玉颜。含辞未吐,气若幽兰",但茶烹当时只是把这些妙文当作文字来欣赏,心里不相信人世间真会有这般神仙姐姐存在。

遇到季兰,茶烹知道了,没有真实的神仙姐姐让曹植思之念之迷之情之,怎么会写得出如此精妙的文字?

茶烹人在清凉洞,心却不知道飘到哪里去了。

一天下来,功夫毫无进展。三天下来,功夫还是毫无进展。

茶烹心里开始着急了,为了兰姑,唉,什么兰姑?他日思夜想的"梦姑"!为了梦姑,我也要成就!

可功夫却不是急出来的,一着急,更加坐立不安,夜不能寐,双盘都盘不住,一上盘居然会出现初学者的抽筋疼痛麻木。

茶烹快把自己逼疯了,后来他备了块尖石在身边,如果心里出现杂念,出现兰姑的影子,他就用石头扎自己的大腿内侧,用疼痛转移念头。

这个方法挺有效，两天下来，大腿伤痕累累，杂念明显少了，可以安坐了。

没想到，这坐着坐着又出问题了，原来对于茶烹来说坐禅功夫是平常的入门功夫，没想到这一次，怎么这么难。好不容易对付了杂念，却又多了一个新问题，只要一坐，就有冲动，阳物雄起，久久不下。

茶烹尝试用石头扎大腿，没想到越扎越兴奋，居然保持了一天的雄起不落，杂念没了，性感来了，不要说导引气脉了，这样下去，岔气失神，遗精入魔都有可能。

寺庙里没女人，师兄弟们一起时，晚上睡觉都住在一个通铺上，谁打呼噜、放屁、梦遗都是第二天的笑谈。还有个小师弟每天睡觉特别能折腾，睡觉的时候他在最里面，结果每天清晨醒来不知道如何可以在梦中翻山越岭，爬过十几个师兄弟的身体翻到最外面睡。

茶烹刚来时曾经有过一打坐就性冲动的经历，后来用师父教他的调息法，慢慢坐着坐着就不想男女之欲了，大腿根部气动，身体的麻感一阵一阵的，那种感觉不是舒服，不是满足，怎么形容呢？好像灵魂出窍一般，不知身在何处。

再修了几年，气动的感觉也没了，坐便是坐，一坐下来，

第四章 丹阳手

心中天地无存，空灵高远。用功到将满未满之际，性感会特别强，如果无法升华，是修持上的一大障碍。静极阳生，了无欲念。如《楞严经》中所说，"于横陈时，味同嚼蜡"才可体会定生喜乐。

怎么现在反而回到以前了？下身的这种性感好像越来越激烈，先是感觉想抱兰姑，兰姑貌美如花，体态诱人，身着薄纱，吹气若兰，茶烹心突突地跳，好像体内有热流要喷薄而出。

打坐入到定境，身体轻安是一种喜乐，清净的定境本身就是一种喜乐，超越了欲界的喜乐，茶烹打坐时，气脉打通的地方就会有喜乐的感觉。再过一段时间，兰姑的影子不见了，茶烹感觉丹田一团火熊熊燃烧，他看见火光中隐约有师父的影子，师父背对着他，忽隐忽现。再过一段时间，火也不见了，一丝冰凉从脚底袭来，好像坐在雪地里，通身发冷。

茶烹知道忽冷忽热是心神不宁之故，赶紧起身，跑到洞外跳进冰冷的溪中，当冰凉刺骨的山泉水浸没全身时，茶烹不再忽冷忽热，身体恢复到了正常温度，下腹感觉有热气翻滚舒服极了。

我们的身体是可眼观、可感触的，通过眼、耳、鼻、舌、身来感知身体的存在。修行的能量不可眼观，不可感触，但同样可以感知。在身心充分放松时，意识会十分清醒，我们可以感知身

体的能量，感知这种能量进出和运行。有的大修行者用肉眼也可以看见对方身体的能量场。但如果我们精神紧张，思维混乱时，不但不能清楚感知能量，甚至会误导能量，以致走火入魔。

茶烹想到师父总是说：人的喜怒哀乐，拘束与超越都在于定力，提高精神的定力却要从身体下手。我们自幼通过六个认知器官——眼耳鼻舌身意开始向外驰骋，向外攀缘，从此便不再关心内心的真实状况了。修行是在修安心，先降服自己的心，在这个世界都躁动的时候，我平静；在这个世界都颠倒的时候，我清晰。

"茶烹啊，修行之人需如莲花出淤泥而不染，世事无常，红尘万丈，但取莲花，莫取臭泥啊。"师父的话如雷贯耳。

我！我！我一定要放下兰姑！

三

元宵佳节,青塘别居。

去年秋天,陆羽在龙山罨画溪畔寻了一处小院,取名青塘别居。

别居里当然少不了须臾不可离的茶寮,门口有一块大木根做成的茶几,不知是哪棵树上,一只不知名的鸟在孤独而执着地鸣叫着,其声忽近忽远。

时有几只野猴不分日夜跃上茶几,捧食茶几上残留的些许食物,人来即去,人去,又复来,如是人猴相映成趣。

自从心里放下季兰,茶烹通过三次精进专修,终于在冬至那日修成了不二茶丸的阳丸功,皎然自然十分欢喜。这一日正值元宵节,便带着他过来龙山探望久违的陆羽、季兰。

元宵节相传是西汉文帝为了庆祝周勃在正月十五勘平诸吕之

乱,特设此节。以后的每一年,每逢此夜,文帝必出宫游玩,与民同庆,因为这是新年第一个月圆夜,也叫元夕、元夜,这一节日中有观灯的习俗,故又称为灯节。

每年正月十五日,白天的街市热闹非凡,舞龙、舞狮子、踩高跷、划旱船应有尽有,到了夜里,集市里灯明如昼,车马塞路,这一天,平时身处闺房的夫人小姐也可上街,许多人就是在这一天情人相会,两情相悦。

皎然禅师和茶烹穿越熙熙攘攘的街市,来到青塘别居。只见别居凉台静幽,明窗曲几、松风竹月、清流白云、绿藓苍苔,和刚才人头攒动的街景以及街上文人雅士搜肠刮肚猜灯谜的热闹实在是相去甚远。

茶寮堂前有几株梅花和一棵老冬柏,枝头上有几个花苞含苞欲放。

早春时分,花儿尚未开放,是春天来了花儿才开,还是花儿开了春天才来呢?

今天的季兰一袭灰白棉袍,淡绿长裙,素手汲泉,红妆抱雪,款款行来,茶未饮而让人心先醉。

"然兄,季兰昨日听说您要来,特地拿出了她最心爱的荷花茶、梅花水,这个口福连小弟也没有享受过啊!"陆羽看着一年没见面的然兄，喜悦之意溢于言表。

"哦，梅花水小僧听说过，遇佳雪，必收取雪水烹茶。这梅花水，是采自梅花上的雪？"皎然遇到老友，情不自禁喜笑颜开，笑眯眯地问道。

"正是，上月大雪，兰姐将茶室附近的上百株梅花上的晨雪收取留存，此水清气幽微，实在绝妙。"陆羽拉着皎然在茶室入座，美美地介绍着。

"鸿渐数次想试喝此水，兰姐就是不舍得煮给我试，说什么必须等然兄光临，她怕我喝光了她的仙水，哈哈。"

"哦，小僧前年在草堂曾饮过兰姑娘的暗香汤，至今犹记在心，好似将开之梅花，清晨摘取后，取其半开的花头连花蒂置瓷瓶中，放少许盐，次年春夏取出，滚汤一沸，花头自开暗香扑鼻，小僧记忆犹新，今日又有梅花水，哈哈须要大饮三百杯啊。"

"然兄，除了这梅花水，您可知兰姐的荷花茶吗？"陆羽笑呵呵地问道。

"是否在夏天的荷花开时，摘其半含半放、香气全者，量茶之多少，以花为伴？"皎然笑眯眯地看着陆羽说。

"然兄说的荷花茶是普通人制花茶的方法，那些桂花、菊花、茉莉、蔷薇、兰蕙、梅花皆可成茶，有何奇哉？"陆羽摇头道。

"哦，小僧又是寡闻了，兰姑娘这个荷花茶有何不同？"

"此茶需是夏日荷花初开时，暮含而晓放，兰姐每天用小纱囊包裹茶团置于花心，第二天清晨从荷花中取出，晚上再放入花心，如此二十一日成茶封藏，荷花之魂入茶，茶中不见花而花香清绝悠远，且越久越香，饮时但见清茶不见花，品时舌下生津，花香若有若无，如非然兄驾临，鸿渐无福消受兰姐的妙茶啊！"陆羽歪着头，对着皎然故意大声说。

"此真是小僧茶福不浅，得可遇不可求之荷花仙茶，太烦劳兰姑娘了！"皎然笑着对季兰合掌施礼。

自从皎然进了茶寮的门，季兰的心就止不住地狂乱，什么梅花雪、荷花茶，季兰何止藏了这些宝贝，她天天想、时时想着可以见到皎然，冬天在梅花上采雪时，感觉梅花的清高纯洁如同皎然，花瓣上好似皎然纯真的微笑，夏天等着荷花初开，她采花魂入茶，仿佛见到皎然步步莲花，法堂升座，荷花全是皎然庄严神圣的气息。她就用这些来寄托对皎然的思念，她知道渐儿对这些花呀雪呀全是一笑置之，不置可否，这些都是女儿家的喜好，渐儿认为不是茶的正道，他附和着说好不过是照顾自己的情绪，这就是聪明的男人，永远不打击你。

自从季兰白衣绿裙，款款行来，茶烹的心就崩盘了，这一年放下兰姑的心在看见季兰的瞬间死而复生。他明白过来，清凉洞

最后之所以可以成就茶丸功,不是他放下了兰姑,而是他内心知道不放下不可能成就功夫,他把兰姑埋在了心灵更深的储藏室,如今见到了兮若轻云之蔽月、若流风之回雪的兰姑,就如同又找到了打开储藏室门的钥匙。

青塘别居最大的房间是新建的茶寮,鸿渐建时,对季兰说:"鸿渐欲构一斗室,相傍书斋,以供长日清谈,寒宵兀坐,现微清小雅,此乃茶人首务也。"

青塘别居茶寮备齐了陆羽创始或改良的各种煮茶器具,有风炉、筥、炭挝、火䇲、釜、夹、纸囊、碾、罗盒、则、水方、漉水囊、瓢、竹䇲、鹾簋、熟盂、碗、畚、扎、涤方、滓方、巾、具列、都篮等二十四件。

每一件器具都独具匠心,缺之不可,如炙团茶用风炉、䇲,碎茶用到碾,过筛茶末用到罗盒,煮茶汤用到釜、竹䇲,装煮好的茶汤用到熟盂,品茶用到茶碗等,如果茶具沾染了膻、异味,便不可使用。

这些茶具,茶烹虽然基本见过,但这里有些加大、加厚、加宽,有些更加精致了。看着这么齐全的茶具,茶烹不断咂舌,鸿渐师叔煮茶这么多讲究呢!

其实他不知道,陆羽虽然讲究茶具必须齐备,但在《茶经》中也特别强调使用茶具要因地制宜、因势而异,如在山野之地条件不许可,则是可以相应省略。品茶关键是茶心,十分茶心品七分茶,是十分茶;如果七分心品十分茶,则只有七分茶了。清茶入梦,心无烦扰。

这一刻,四人围住大木板制的茶台入座,陆羽和皎然上座,季兰在对面烧火煮茶,茶烹坐在季兰侧面,专注地凝望着季兰手结兰花,一举一动。

待到梅花水烧沸,荷花茶入水,茶室内清香扑鼻,皎然和陆羽久别重逢自然有说不完的话,突觉茶气入息,皎然不自觉地转身望着季兰微笑赞许,季兰的心如饮甘醇。

这一年来,季兰虽然不知道茶烹的功夫练得如何,但她每天都在坚持她的"丹阳手","丹阳手"如练至五成,施功者可将不同茶碗用气稳定在每一位饮茶者胸前一寸处,茶碗浮在空中无需固定,饮者喝时将茶碗捧到嘴边饮茶,饮完茶一放手茶碗自己稳定在饮者胸前半空处,烹茶者将茶水凌空继续注入空茶杯,这叫"月印千江"功夫,季兰半年前成就,今天自然要显露功夫给皎然看看。

平时如有客人来茶寮饮茶清谈,陆羽不让季兰施展"丹阳手"的功夫煮茶、倒茶。他一再告诉季兰,功夫不是为了显示的,茶艺功夫再好,没有智慧的心,没有平常的心、柔软的心、敢于示弱的心、包容慈悲的心,功夫越高以后受到的伤害会越

第四章 丹阳手

大。强中自有强中手,陆羽规定只有他同意时,她才可以使用功夫倒茶。

今天陆羽见到然兄不亦悦乎,忘了和季兰交代倒茶的方法了,在陆羽心里然兄是自己亲人,季兰用什么方法都无所谓,不会受到伤害。季兰心中则是一定要显示自己的绝技给皎然观看,哪里还记得起需要问一下渐儿用什么方法倒茶?因此理所当然用起了"丹阳手"。

她先专心地将茶汤煮好,细心地分入四个茶碗,这种分茶法叫"慈悲普渡",然后将茶碗运气推至三个人面前,她屏气调息,满以为茶碗会和平时一样乖乖地停留在饮者的胸前,没想到茶碗完全停不住,突突地落在茶席上,茶汤洒了不少出来。

季兰心里一惊,本来想出色发挥的功夫,怎么感觉使不出来了?气也不顺了?气好像闷在胸中发不出来?皎然和陆羽谈兴正浓,完全没有在意季兰先是用功夫在倒茶,然后花容失色,呼吸困难,自己在那里郁闷着。

两个兴高采烈的人看见荷花茶来了,双双拿起茶碗,不约而同说道:"好茶!"

然后放下茶碗,继续不知道在聊什么有趣的话题了。

季兰暗自调息,还是感觉气运不起来,此时扭头一看,发现了问题所在。原来是茶烹在那里挤眉弄眼地作怪。

看到兰姑的样子,茶烹心里这个乐啊!哈哈,兰姑,你知道我成就了茶丸功了吧?知道茶烹的功夫不是去年的样子了吧?这回该喊我师兄了吧?该羡慕我了吧?你可以喜欢我了吧?

茶烹还在胡思乱想,暗自为自己功夫了得可以压住兰姑的气场而沾沾自喜时,突然看见一团黑气直冲他飞过来,他心里完全没有准备,下意识想运气防身已经来不及了,他看着那团黑气奔着檀中穴而来,瞬间进入体内,他僵在那里,完全动弹不得。

四

季兰真的怒了,大好的元宵佳节,见到久别的皎然和笨笨的茶烹,喜上加喜,季兰高兴得像只蝴蝶。

进门时发现茶烹一直盯着她，季兰也没有在意，不过看起来茶烹小师父的功夫比一年前有极大的飞跃，步履轻盈，面色红润，季兰想，可能上次他听了我的话后，求师父传授茶丸功了吧？

这个念头不过一闪而过，她可没有时间关心茶烹小师父是否炼成茶丸。茶丸不茶丸的对她没什么重要，她一看见皎然灰袍青帽，掩不住玉树临风般的白皙俊朗，这梦中无数次亲近的人，他举止有节，出口成文，实在让季兰爱死了。这世界上怎么有这么帅气、才气俱备的男人呢？为什么这么帅气、才气的男人非要当和尚？季兰只有一个念头，施展自己最独特的魅力拿下皎然。

她要让他吃惊，让他欣赏，让他喜欢，让他记住。

那边的茶烹又活在另一个世界，一见到兰姑明眸动人、杏眼含春，茶烹的心都醉了，他傻乎乎的也没有看清楚那杏眼对着谁动人，为了谁含春？他心里全部的念头都是如何可以让兰姑仙女知道自己一年来精进刻苦地修成茶丸功夫，自己功夫有多么了不起。

他要让她羡慕，让她注意，让她佩服，让她关注。

这么一来，季兰一起手施展"丹阳手"，发功时真气需要均匀分散至三个方向。他看见季兰一挥手，茶烹便暗暗运气改变气场，只见三股白色的气螺旋围绕着季兰飞出的茶碗。

季兰第一次感觉到气不从心，发出去的气感觉虚无缥缈。

第四章 丹阳手

季兰再次运气时,茶烹轻松地看着她,心中美美地乐开了花。

季兰是什么人?瞬间反应到身边有人捣乱时,茶烹还在自我陶醉中,好季兰,一咬牙,将原本煮茶时加入的阳气迅即转至至阴之气,茶本是阴寒物,故古时煮茶加入葱、姜、枣、桔皮、茱萸、薄荷等物料煮之百沸成汤,去除茶中寒凉方饮。陆羽煮茶虽不加这些物料,也极少加盐,但制作新茶时也是有驱除寒气的工序,故煮茶时,茶人需用阳法煮茶,使阴阳平衡。

季兰没想到这个笨傻傻的茶烹会来破坏她的功夫,破坏她在皎然面前的形象!她都一年没有见到皎然了,多么美好的时刻,让这个傻子给毁于一旦,现在皎然心里会怎么笑话我?多么瞧不起我?傻子去死吧!

季兰心念急转,手中气跟着心念转,由阳转阴。丹阳手本来就有阴阳两面的功夫,季兰心中恨着,加之女人身上阴气、恨气、怨气,配合丹阳手中的阴功,瞬间一团至阴之气凝聚成团,只见季兰将食指、中指并拢,突地一推黑团,浓浓的一团黑气就直奔茶烹胸前袭来。

茶烹哪里知道兰姑的心念?看她面色发白,他还高兴呢。呵呵,兰姑,丹阳手不如茶烹的茶丸功夫吧?直到阴风袭胸,突然呼吸不畅,才知道大事不好!

本来茶烹的功夫是不怕季兰的阴气的，阳丸中充足的阳气哪里会在意这小小的阴气？只是茶烹没有调气防范，心中完全琢磨着兰姑的心理，还等着季兰过来赞赏，佩服他的功夫呢！没想到等来了一团要命的阴气。

他四肢厥冷，张不开嘴喊师父，动不了身调气，虽然心里清楚，但全身如入冰窟，记得师父告诉过他，阴毒无处不在，有女子炼成至阴之体，全身如寒冰，遇之气结，血脉受阴毒邪，寒极色黑。亦有禅师隆冬子时伏石修炼，为石冷所逼，得阴毒伤寒而死；亦有修阴功之人，修炼不当阴气内攻于里，腹中绞痛而亡。阴毒外攻于表，厥冷通身，痛如刀割。

茶烹方才正胡思乱想之际，没有任何防备，毒气迅速冲心，四肢逆冷，咽喉不利，面色由青转黑，痛不堪任。

这边季兰和茶烹这么热闹地你来我往，那边陆羽和皎然浑然不觉，正畅谈茶事，哈哈大笑呢，没有留意到另外这二位已经你死我活了。

季兰看到茶烹中招，一动不动地在旁边僵尸一样，长出了口恶气轻轻地"哼"了一声，重新开始煮茶招呼皎然。

她轻施丹阳神功，将茶碗运气拖至皎然和陆羽面前，当她礼节性地将茶碗也运气拖至茶烹面前时，看见茶烹的瞳孔已散，面色发黑，气若游丝，似乎要往生了一般，这下季兰吓坏了。

第四章 丹阳手

陆羽曾告诉季兰,她体寒,又是阴日阴时出生的玄女,阴气本来就重,这种阴性能量的女子,身上有说不出的体味,魅力特别能吸引人,带着人的精神走,如果没有智慧引领,这样的人容易让凡夫俗子颠倒梦想,精神错乱,如果遇到茶性阴寒,阴性人泡茶那茶便是毒药,故此需在煮茶时运阳气烹煮。陆羽让她平时一定要多修炼阳功平衡身体阴气,多读智慧经典,并且平日里也不许她穿银色、蓝色、黑色、紫色、灰色的衣裙,不许她吹箫,他让季兰学琴,习《易筋经》,近一年陆羽说她体中阴性能量已经明显转化,平衡了许多。

刚才,季兰心中恨意顿生,谁让这傻子来捣乱,破坏她在皎然面前的形象?她恨死了这个傻子,恨不得立即灭了他,心中怨气凝聚时不自觉配合茶中阴气成团,发送出去。那边茶烹一片天真,在全无防护心胸打开的状态下,阴毒直入心脉,眼看气息减弱,无神无力,死气萌生,就要没命了。

季兰一看到茶烹气息渐弱马上就后悔了,她可没有真想害死这个笨笨的茶烹小师父,上次见他觉得他傻得挺可爱的,她刚才不过就是恨他让她没面子,如果他往生了,皎然肯定因此永远也不会喜欢她了,再也不见她了,那可怎么办?一念及此,季兰不敢等了,忙叫渐儿。

从季兰发功,到茶烹岔气其实不过须臾之间,陆羽和皎然谈兴正浓，没有去留意那两人在做什么。

季兰颤巍巍的声音对着陆羽："渐儿，你快来！"

陆羽笑嘻嘻转身一看，脸色大变，哎呀不好！

忙飞身下榻过来茶烹身边，一望便知是阴毒入体，陆羽将茶烹身体微微前倾，食指、中指对准茶烹太阳、百会穴突突点了两下，然后放平茶烹，在他檀中、神厥、气海、命门、肾俞穴运气打通。

少时，茶烹体内肾气发动，动如流水，滔滔不绝，连绵不断，气血开始运行，滋润心肺、脾胃，一股暖流从脚心升起。体内五行全部唤醒，土生木，木生火，火生金，金生水，水再生土，循环往复，五行之气开始生生不息。人体五行脾属土，为后天之本，主五行运化；肝属木，生机无限；心属火，主发动；肺属金，主坚固；肾属水，为先天之本，主五行阴阳绵绵不绝。刚才茶烹突中阴毒，心肾俱衰，必须打通经脉之气，重唤生机。

阴阳者，天地之道也，万物之纲纪，变化之父母。阴静阳躁，阳生阴长，阳杀阴藏。阳主化气，阴主成形。陆羽屏息，元阳发动，内气凝指，捻、压、点、击、按、推、补，好在阴毒入体时间短，加之茶烹童子之身，阳气本自充足，不一会，只见茶烹连放了几个屁，"呼"地一声吐出一口黑血。立刻感到气息顺畅了，于是自己结金刚坐调息。

陆羽起身，对着犹在榻上不动的皎然深深施礼："然兄勿

怪！季兰失礼了！"

皎然摇了摇头，看着茶烹没有说话。

季兰在一旁紧张地看着，此时看见茶烹吐出血来，可以自己打坐调息了，长叹了一声，心中后悔，也没有说话。

三个人都注视着茶烹，谁也没想到，就在生死的一刹那，茶烹突然看清楚了，原来兰姑心中那么喜欢师父！

第五章 非非想

昔去繁霜月，今来苦雾时。相逢仍卧病，欲语泪先垂。强劝陶家酒，还吟谢客诗。偶然成一醉，此外更何之。

一

农历四月初八，是佛教重要的节日：释迦牟尼佛圣诞日。这一天即叫"浴佛节"，又称"佛诞节"，纪念佛祖释迦牟尼的诞辰。公元前五六五年农历四月初八，南无本师释迦牟尼佛诞生于天竺一个富庶的小国名曰迦毗罗卫国，这位后世尊称为如来、应供、正遍知、明行足、善逝、世间解、无上士、调御丈夫、天人师、佛、世尊的佛祖为当时迦毗罗卫国国王净饭王的王后摩耶夫人所生，名曰悉达多太子。

浴佛节是依据太子降生时，九龙吐水洗浴圣身的情况而制定的。据《佛传》说：一日，摩耶夫人梦见有一匹六牙白象进入她的身体，随后就有了身孕。当时的印度有一习俗，女子在生产之前要回到娘家去，她在侍女陪同下离开王宫，路过蓝毗尼花园时，感到身子不舒服而进园中休息。她手攀无忧树枝，悉达多太子从其右胁降生。降生后向东西南北各行七步，步步莲花。然后，太子一手指天，一手指地，说道："天上天下，唯我独尊！"

这时，天空出现九条龙，吐出温水和凉水，为太子沐浴。后来，太子出家修行悟道成佛，即释迦牟尼佛。故此沐浴的太子像即释迦牟尼佛诞生像。佛灭寂后，后世信众为了纪念他，佛教信众均于此日云集寺庙，浴佛或举办各种法会。

南方地区过此节时，无论男女老少都在清晨到各个佛寺中敬佛、斋僧，举行送旧迎新的仪式，行浴佛礼，给佛像洒清水"洗尘"。而后便开始互相泼水，嬉笑追逐，进行放高升、赛龙舟、赶摆、丢包等活动，泼水过节欢庆。

第五章 非非想

今年的佛诞日妙喜寺在皎然禅师带领下举办一年一度的传灯法会。

戌时一到传灯法会开始,僧众们搭衣持具上殿,按东西序位次分班而立。闻磬声向上顶礼三拜后,主法僧上香、展具、顶礼三拜,大众一起唱赞《八十八佛大忏悔文》,诵经声悠扬:

"大慈大悲愍众生,大喜大舍济含识,相好光明以自严,众等至心皈命礼,众等至心皈命礼。"

诵经毕,弟子们从皎然禅师手中接过象征智慧的明灯,恭敬而缓慢地走出禅堂,来到院子中间,一盏盏莲灯汇集成灯灯无尽的光明海,无限深远,八百盏莲花灯,被四众弟子、信众排列成"佛光普照"四个大字,僧众们端坐在院子里高高的莲花台上,共诵《炉香赞》:

"炉香乍热。法界蒙薰。诸佛海会悉遥闻。随处结祥云。诚意方殷。诸佛现全身。"

"万法因缘生,缘起吉祥灯",传灯本有薪火相传、光明不断的含义。灯代表佛法、智慧,唯有智慧之光明能破除愚昧之黑暗。历代祖师、大德灯灯相传,永不熄灭这种传灯的精神,以灯光相续,把智慧和慈悲传递到众生心中,带来无限的温暖、希望、祥和、平安和欢喜。

陆羽和季兰今天带着新茶和季兰赶制的松茶饼、莲花糕等各种茶点，特地过来参加这个重要的法会。本来陆羽想自己单独过来妙喜寺看望皎然和茶烹，上次的事情毕竟是季兰无礼，出手太重，但季兰知道他要来妙喜寺后，说什么吵着也要一起过来。

元宵节后，一向对情事迟钝的陆羽终于发现了季兰魂不守舍，他突然理解了那天季兰的唐突行为，为什么会对茶烹小师父下如此狠手，更理解了然兄为何没有初遇见时热情，这两年来对自己若即若离欲语还休的态度。陆羽心中却也无可奈何，暗叹这是冤孽啊，此事怪不得然兄，也怪不得兰姐，只是兰姐对然兄一往情深，自己却是别有一番滋味在心头，酸不酸，甜不甜的，这叫什么心情，陆羽自己分不清楚，也不想分清楚，他无法想象自己和兰姐之间的关系会怎样亲密，更无法想象如果然兄还俗娶了兰姐会怎样。唉，一团乱麻，剪不断理还乱，难就难在此二人都是陆羽的亲人，只好听天由命吧。

陆羽想不明白就不再琢磨了，既然无力解决的事情，眼不见为净不失为好方法。春茶发芽，他搬到苕溪草堂，四处忙着探茶、制茶、著书。

季兰则独自留在青塘别业，她越来越无法克制自己对皎然的思念，夜夜春梦锦绣了无痕，笙歌丛里扶醉归。陆羽做梦也没想到，他这么一走，季兰已经疯了。

季兰现在不仅仅是朝思暮想，而且是胡思乱想。

为什么不可以得到皎然？高僧大德也有过女人，罗什三藏法师不是曾有十个夫人吗？皎然怎么就不可以有季兰？

她独自把禅宗经典翻了个遍，去寻找论点支持禅师们可以开戒，再说了，一定要出家才能成佛吗？这么了不起的维摩诘是大居士，傅大士也有太太，这么多祖师有过先例，皎然他怕什么？

哦，他迈不出第一步！

那，拖他下水如何？生米做成熟饭后皎然就属于季兰了！

记得在道观时，师父曾告诉她汉成帝刘骜男根不举，皇后赵飞燕独家研制出"寒食散"，师父给她看过"寒食散"的几种配方，《彭祖外传》中记载的主要用甘肃瓜州锁阳城外的锁阳与肉苁蓉、枸杞子、菟丝子、淫羊藿、桑螵蛸、茯苓、龙骨、熟地、龟甲等六十四种壮阳药与茶熬制七天七夜后相配全，本来此药主治男根不举，谁知成帝服后须臾不可离，夜夜宠幸皇后飞燕，终于元阳尽散，四十六岁而亡。

我也调制"寒食散"如何？就给他吃一次，对身体应该无有大碍。只要能和皎然春宵一度，哪怕诱僧之罪要入地狱，能够成就和皎然的情缘，季兰我在所不惜。

季兰曾见过锁阳，这种植物茎圆柱形，暗紫红色，大部埋于沙中，基部粗壮，生长于干燥多沙地带，每年五、六月份，露出地面，至七、八月份开始成熟。从锁阳根部会生出一种白色的小虫，名为锁阳虫，锁阳虫从锁阳底部沿内部逐渐向上，一点一点吃空锁阳，直至顶部，形成空洞，锁阳籽沿洞掉入锁阳底部。随着倒流的锁阳内部水分，进入根部。在根部沿着水分的流动进入到适合部位，冬季来临时，锁阳籽吸收养分，迅速成长、壮大，鼓出一个拳头大的包。经过一个冬天孕育，来年三月份开始发芽，一举破土而出，数十天就可长大，又开始新一轮的生长周期，锁阳壮阳效力百倍于苁蓉，此物性甘、温、无毒、补阴气，益精血。

原来师父给她锁阳用于对治她的大便郁结，肾虚气弱，没想到师父给她的书中有"寒食散"的配方。

师父曾谓季兰曰："不能用水来止水，不能用火来烧尽火，人生的欲望不会以心想事成而断除，欲望没有满足的时候，猛火中加薪，火会更加炽盛。修道之人不可贪恋享受，追求以药力、丹丸助修长生不死，药丸只是外力，无为而无不为，需修清净之心才可得道。"

所以季兰尽管看到过珍稀"寒食散"的配方也没有在意，直到皎然禅师出现，季兰的心开始浮躁不安，曾经不在意的配方居然历历在目，在心里久久不去。

皎然会是大圣人吗？季兰我不是要诱惑他、伤害他，而是爱他、怜他，他那么帅气，才情洋溢，何必当和尚？破了他的童子身，他也会爱季兰、怜季兰的，男欢女爱，人之常情嘛。

季兰琢磨着如何能创造机会得到皎然呢？

二

今天便是机会!

传灯法会热闹非凡,等到夜深人散了,季兰来到方丈室后院的树下煮茶等候皎然和陆羽,他们约好法会结束便来此饮茶。

刚才在禅堂里,季兰听了一会皎然禅师给来寺庙参加法会的居士信众们讲解的无尽灯法门。

禅师说道,《维摩诘经》曰:

"维摩诘言:诸姊!有法门名无尽灯,汝等当学。无尽灯者,譬如一灯燃百千灯,冥者皆明,明终不尽。

汝等虽住魔宫,以是无尽灯,令无数天子天女,发阿耨多罗三藐三菩提心者,为报佛恩,亦大饶益一切众生。"

季兰明白所谓无尽灯法门就譬如一支蜡烛,可以点亮千百支蜡烛,只要点亮了,光明永远不尽,这就是无尽灯。维摩居士不

是说天女们在魔宫里修法吧，季兰明白无尽灯有两个意义，一是说佛法在人间，不一定要出家，就是嘛！你皎然不当和尚不也可以在这个人间传播佛法的光明？所谓一灯可以亮千灯，心灯无尽。

其二是指修者个人的内在功夫，在魔界在俗世都是好道场，这个充满欲望的人间就是极乐世界，再去哪里找什么清净道场？只要一点灵光不昧，随处都是道场，魔宫里俗世间正好修行。修道人经过一层魔障，就跳过一层道业。

皎然说在魔境中修法，把自己点亮，把智慧打开，每个人就是一盏心灯，在人间教化众生，都能够发无上正等正觉心。一盏灯点亮了，可以分灯千百万盏。一个菩萨自己悟道了，可以教化人家，不但对自己没有损害，自己的道理越布施出去，智慧越增加，这个就叫无尽灯，自己做一个照亮的明灯，才是报佛的恩。

对啊，那麻烦您今晚就牺牲一下自己，利益季兰，救济季兰，点燃季兰吧！季兰必然跟随您一起一生一世传灯无尽，自利利他，自觉觉他。

等到皎然讲完法，居士们躬身退下离开，法会结束了。季兰来到方丈室后院边胡思乱想边煮茶，她先细心地把陆羽、皎然的茶杯摆好，然后开始烧火。

第五章 非非想

寺庙里的茶杯基本都是一个样子,看不出分别,季兰摆好了陆羽和皎然的,又找了两个杯子,一个给自己,一个准备给茶烹小师父。

嘿嘿,今天再次见到茶烹时,季兰感觉有些奇怪,这个茶烹原来呆傻傻的不敢正视她,今天居然瞪着眼睛看她,一点没有以往害羞的神态,真是士别三日当刮目相看了。

晚风清凉,火苗在风中忽高忽低,水一会就好了,这时皎然、陆羽、茶烹三人一起过来小院,看见已经在烧水的季兰,三个人一起合十问候。

陆羽满脸兴奋:"然兄,今晚鸿渐受教良多,法喜充盈,以后实在需要多来向然兄请益。"

皎然也很高兴,拉着陆羽的手:"鸿弟,我给您看我近日写的诗句。"

"太好了!"

说着二人进方丈室观诗。

季兰将茶分入杯中,她偷偷趁茶烹眼睛观看方丈室的时候在皎然的杯中放了一点"寒食散",然后按捺着突突狂跳的心,装模作样坐下饮茶。

"兰姐,你也进来看,然兄大才'欲赏芳菲肯待辰,忘情人访有情人。西林可是无清景,只为忘情不记春'。哈哈,好诗好诗啊!"陆羽在房内兴奋地叫季兰。

季兰听着,不自觉也走进了方丈室观瞧。

"良辰美景,请兰姐也作诗应景如何?"鸿渐笑眯眯地看着季兰。

"对啊,妙啊!"皎然也乐呵呵地看着季兰。

季兰想了想,挥笔一蹴而就:

"翠融红绽浑无力,斜倚栏干似诧人。深处最宜香惹蝶,摘时兼恐焰烧春。当空巧结玲珑帐,著地能铺锦绣裀。最好凌晨和露看,碧纱窗外一枝新。"

皎然看着不觉点头:"好诗!兰姑娘此诗何名?"

"蔷薇花。"

陆羽在旁抚须微笑不语。

就在季兰作诗的当儿,她做梦也没想到,院子里发生的事情。

寺庙里的东西虽然长得个个一样,师父喜欢的茶杯是黄褐色的粗瓷杯,浑厚敦实,摸上去暖暖的,他用的东西从来都是和师兄们一起不分彼此。但茶烹是知道区别的,师父常用的粗瓷碗、茶杯、布衣一直都是他收拾整理,今天晚上也是一样,季兰看着杯子都长得一样就随便摆,她心慌意乱倒了茶,然后被叫进方丈室去和诗了,师父没叫茶烹进去,茶烹便一个人在院子里等,无聊时低头一看，季兰摆的杯子不对，把师父常用的茶杯摆错了，放在他面前了，那就换一换呗。于是，他把自己那杯茶换给了师父，师父那杯换给了自己。

换了杯子，他看着兰姑的背影发呆，新茶热气腾腾，香气飘渺，两个时辰的法会，茶烹一直在师父旁边站立，现在突然口渴起来，嗅了嗅茶气，更觉舌下生津，举杯一饮而尽，还觉不够。

房间内，陆羽的声音更加兴奋：

"然兄大才啊，兰姐快看此句：'叩关一日不见人，绕屋寒花笑相向。寒花寂寂遍荒阡，柳色萧萧愁暮蝉。行人无数不相识，独立云阳古驿边。凤翅山中思本寺，鱼竿村口望归船。归船不见见寒烟，离心远水共悠然。他日相期那可定，闲僧著处即经年。'妙啊，妙啊！"

"然兄，小弟实在佩服至极！兄长真乃天下第一诗僧！"

"小僧不过兴之所至，随手涂鸦，贻笑大方了。"

季兰心猿意马，哪有什么静下心来看诗的心情？她红着脸，心都快蹦出来了，皎然发现她一直低头不说话，以为季兰有什么不舒服，便道："鸿弟，兰姑娘是否累了？今日天色已晚，寺院不便留宿女眷，不如早些回去歇息吧？"

季兰一听就急了，茶还没喝呢，忙说："大和尚，我不累，听您讲法有些兴奋，我们过会再走，我煮的茶你们还没喝呢。"

皎然笑道:"好好,喝茶喝茶。"

说完三人出来院中喝茶。

坐下后,季兰继续烧水煮茶,陆羽看着杯中的茶冷了,便欲弃之不用。

季兰忙道:"渐儿,你天天喝热茶,可知茶也可冷泡冷喝,你尝尝也别有风味呢,好茶不要浪费了。"

皎然讲了许多话,也自口渴,笑了笑,端起茶杯就喝了,陆羽也没再多话,笑着喝下。

季兰看着皎然把茶喝了,心中五味纷呈,哪里还煮得了茶,茶烹见她神思恍惚,以为兰姑忙碌了一天累了,便过来帮忙。

三

自从知道兰姑喜欢的是师父后,茶烹心中一直百感交集,他一会儿审视自己,发现尽管比师父年轻,但没有一样可以比得过师父的。

第五章 非非想

师父的诗词写得那么好，可他基本看不懂；师父的功夫出神入化，但基本不在他们面前显示；师父智慧如海，讲经时口吐莲花，可他迟钝嘴笨；师父的茶道棋道箫琴等等，他更是望尘莫及；师父虽然年过四十，但体态潇洒，活力充沛，自己哪里有一丝一毫可以和师父比的地方？

他的心越发低沉了，现在练就了茶丸又怎样？比得了师父吗？师父是妙喜寺方丈，人人恭敬的大和尚；师父是茶圣诗僧，自己笨傻傻的，怪不得兰姑连正眼也没有看过自己，不是跟着师父去见她，兰姑恐怕正眼就不会看我。

这么越想越提不起精神，今天知道陆羽、兰姑也会来法会，他也好像提不起来兴趣，人家喜欢的是师父，又不是来看我茶烹，兴奋什么呢？

及至看到兰姑飘然而至，对他浅浅微笑，盈盈合掌，他的心都开始活动了，莫非上次的事情让兰姑改变主意了？女人都是心软的，看到自己差点丧命，兰姑心中抱歉了？那，说不定我还有希望？

可是不对啊，他今天这是怎么了？不一会心里就躁动不安，看着兰姑，就想抱她，他不敢再坐下去了，刚想要起身离开，师父也站起身和陆羽、季兰一起走开了。

他们刚才在讲些什么？我怎么一点都没有听见？

茶烹勉强站起，准备回房休息，可哪里还迈得动步子？他心跳加速，赶紧跌跌撞撞摸进师父房间调息入定，脑海里突然出现了兰姑裸体的样子，很多女人，年龄大小都有，无量无数把他包围起来。

他面红耳赤，想抓一个抓不住，然后他又看到师父恼怒的样子，他慌忙念经，想驱除这些幻觉，可是奇怪了，这次任他怎么念经、观想都降伏不了这些东西。他感觉骨头都是发烫的，心头小鹿乱撞，口干舌燥，他受不了了！

季兰看到皎然喝下了那杯茶，知道不久该显药性了，于是她拖延着不肯回去，说自己肚子痛，今晚走不了，皎然想了想，便带她去了寺外菜园，吩咐僧人们离开，把小院子腾出来给季兰住一晚，然后他便和陆羽离开了。

这是个难得的机会，兄弟二人没有像往常一样回方丈室抵足而眠，他们久未相见，谈诗颇为兴奋，不约而同想去山中放下一切打坐精修。于是，二人来到寺后的凉亭中面山而坐。

初夏的山中，山菊花漫山遍野地开放着，这些菊花喜湿，通常生长在大树底下庇荫处，山风一吹，淡淡的菊花飘飘荡荡。

季兰哪里睡得着？她看看寺中已经熄灯便悄悄起身摸到了方

丈室门口，黑漆漆的禅寺内万籁俱静，僧众们劳累了一天，都进入了沉沉的梦乡。

季兰看到方丈室内有一个孤独的身影，季兰明显感觉到内在的人呼吸急促，季兰知道气不定则光明不显，神不聚则杂念不清。

里面的人是着了道了。

四

火烧火燎！火烧火燎！！

这种燃烧的感觉只有被火烧过的皮肤才知道。

茶烹本来就想在师父房间调息一会儿，让火热躁动的心安静下来，谁知这把火越烧越旺，感觉自己被烧得无葬身之地。

第五章 非非想

他站起身找水，一杯一杯地喝着冷水，结果冷水喝得太多，肚子变得比石头还硬，可那火烧的感觉没有一点减退。

他像洞中修炼一样，用尖利的东西划自己大腿内侧，可是依然无效，大腿划出了血，却让他更加兴奋。

我要兰姑！

我不要当和尚了，我和兰姑一起采茶、种花去，我这种定力当什么和尚？我这是祸害寺庙。

不对！师父是和尚，是不是兰姑就喜欢和尚？那，那，那怎么办？我还是当和尚吧。

我没有师父帅，没有师父功夫强，没有师父有智慧，没有师父会吟诗作画，还有，我没有师父的地位！

慢着，这方丈的地位会不会是兰姑喜欢的？

这么多信众居士崇拜师父，会不会兰姑就喜欢这威风啊？

那，我怎样才能当上方丈？等师父灭寂？师父身体那么好，估计得等上五十年，那不行啊，我们都老了。

哎呀，我肚子疼死了。我今天到底怎么了？

我怎么会像中毒一样，心跳呼吸都快到这个地步？我怎么那么想抱兰姑？

佛祖啊！师父啊！徒儿有罪，徒儿难受，徒儿要往生了！

季兰悄悄推开门，万籁寂静的方丈室外一只野猫突地从身后窗台跳下，吓得她一哆嗦，急忙回头发现是只花猫。

不敢点灯，黑漆漆的房间里，禅榻上依稀可见一个扭曲的身体在隐约的月光下不安地翻滚躁动。

季兰摸索着上前，心突突乱跳。

我这样做会不会真下地狱啊？

渐儿知道了会对我怎么想？

唉，没办法，他要是不能理解，我就和皎然一起浪迹天涯好了。反正他方丈和尚是没得当了。

对不起了！渐儿，我不是不知道你在乎我，喜欢我，可，我们是姐弟之情，我离不开皎然这个索命的冤家。

咦？他就喝了一杯茶，依他的功力不应该这么不堪一击啊，怎么好像手捂着肚子？我不会给他喝多了吧？

茶烹豆大的汗珠顺着脸往下滚，他可算知道什么叫汗如雨下了。

可能是凉水喝多了，现在肚子绞痛，丹田忽冷忽热，整个大腿内侧和下腹都是燃烧的感觉，手脚冰凉，头顶火烫，汗顺着头往下滴洒着，这份煎熬………

突然他在依稀的月光下看见一个人影，好像是兰姑，修行的人本来敏感，哪里会等到人进来了才看见？他现在完全是药糊涂了，无识无觉。

第五章 非非想

我莫非在做梦？想了兰姑一晚上，兰姑就出现了？

再看，怎么兰姑在宽衣解带？

哎呀？

不会吧？我这是在哪里？在梦里吧？

他一紧张，肚子没有那么疼了，定睛看，可不就是兰姑吗？

佛祖！师父！全部显灵了吗？

徒儿心里只是想，哦，不是只是心里想，身体确实也想，可，这是真的吗？

他继续脑筋急转弯时，兰姑已经宽衣上榻，一身薄薄的紫纱裙，雪白冰清的皮肤透着青色的光泽。

兰姑的体香让茶烹真正窒息了，胸前开始冒汗，他想动却动弹不得，手脚好似被捆绑起来一般。

季兰慢慢地除去外衫，背对着禅榻，她越慢越想观察榻上皎然的反应，结果除了重重的呼吸声，皎然没有离开的意思，她放心了。

当她缓缓上榻，将侧对着自己的皎然抱在怀中时，她浑身在颤抖，她能感觉得到皎然奔腾狂热的体温。

大和尚啊！帅哥哥啊！季兰今晚属于你！你不是道行高深吗？怎么也和季兰一样兴奋不已，悸动不安呢？

当她抱起皎然的那一刻，发现皎然不但没有拒绝，反而更紧地回抱住自己的时候,季兰幸福的泪水蒙住了双眼,原来做女人这么美妙!

再当她闭上眼睛,准备迎接幸福降临时,突然听见一个声音:

"兰姑,我这不是在做梦吧?"

她猛然睁开眼睛,仔细定了定心,啊!

榻上的情郎怎么会变成了笨傻傻的茶烹?

可怜的茶烹双眼红得如同兔子一般,正深情地看着她。

啊!他还拉着我的手!

不!是我还拉着他的手!!

佛祖啊,怎么会变成这样?

季兰心思急转,红着脸慌乱地从榻上跳起,一言不发,抓过自己的外衫逃出去,留下一脸茫然的茶烹。

茶烹虽然没有接触过女人,但师父告诉过他人体的一些不同,他知道男女在性方面,男人特别容易冲动,也特别容易遗忘,身体上的反应来去都快,女人则如莲花一般缓缓开放。修行的人如体内性感发动,意念集中在男女之欲时,越想越忍无可忍,如果这时发生男女肌肤相亲,那散气有漏的情况下修行是难以成就的,如果体内性感发动时意念没有配上性欲,就会炼精化气。

茶烹调了调呼吸，静下心来想师父常说凡人有性感时头脑为欲所制，没有智慧迷迷糊糊的状态，而入定的时候炼精化气是"乐、明、无念"的，是明白的，和性感的状态相反。普通男女的性感，是身体下沉，没有升华，炼精化气时的快感在脑部，不是下面。脑部有了乐感，就不会在意身体接触的那些触感，自然男女之欲就看得低了。

师父说凡夫都被"触"这种感觉欺骗，男女为什么要黏在一起？是触受的感觉舒服，可是触觉很短暂，因为触而有感受，所以叫享受，享受都很短，一过去就散了。结果什么都没有了，可是凡夫愚痴，没有智慧，被感觉欺骗，被感觉带着走。所以"触缘受"，受就是感觉。而"受缘爱"，爱就是喜欢、贪图、想占有。然后"爱缘取"，明明知道抓不住的东西还要拼命抓，就像手中的沙子，越抓越紧，却是越漏越快，这些都不属于自己，都要散去的。

刚才抱到兰姑的瞬间不就是极乐吗？可是这种极乐多么短暂，瞬间即逝，我一直追求的难道就是这么短暂的兴奋和刺激吗？为了这种感受我修行也差点修不成，师父也差点不要我，我得到了什么？

茶烹想着想着感觉身体没有刚才那么燥热了，当心跳恢复正常，呼吸恢复平稳，他释然了。

明天给师父磕头坦白吧，什么都告诉师父，轰出山门我也承受。

这么想着心中便是一松,头一歪就睡着了。

这一晚,他睡得特别香。

这一晚,再也没有梦到兰姑。

五

第二日清晨,皎然和陆羽在山中采气后回房,皎然回方丈室,陆羽去叫季兰。结果皎然发现茶烹居然睡在方丈室地上,口水流了一地。

皎然一惊,忙唤起他来询问。

茶烹看着师父,两眼含泪,将这一年多来的心思全部向师父告白,最后他说道:

"师父,茶烹无智无德,愚昧痴顽,色心顿起,实在对不起师父教诲,茶烹没脸在这里和师兄弟们一起修行了,请准了徒儿

还俗下山吧。"

正说着,那边陆羽急急推门进房,他急吼吼地讲话也没发现茶烹跪在那里。

"然兄,请过目,今晨我去菜园找兰姐,准备回青塘,没想到她留了这么一首诗,不告而别了!"

皎然打开一看,见写道:

"昔去繁霜月,今来苦雾时。相逢仍卧病,欲语泪先垂。

强劝陶家酒,还吟谢客诗。偶然成一醉,此外更何之。"

皎然一声长叹:

"鸿弟,一切均有定数,你不必难过了,兰姑娘既然去意已决,你是找不到她的。从今日起,小僧在清凉洞闭关一年,尔等勿来扰我清修,茶烹徒儿业已长大,由他暂管寺里的杂事,供奉吧。"

说完,皎然头也不回就走了。

陆羽看着茶烹,茶烹看着陆羽,默然无语。

第六章 茶禅道

一

今日立秋。

这是不同寻常的日子。

闻讯季兰被皇上纳进宫已近一年,她虽年近五十,但举手投足优雅恬静，可谓风华绝代。

听说德宗皇帝李适对她一见倾心，谓曰："此等美姿容，神情潇洒，专心翰墨，精弹琴，尤工诗的女子，朕甚是怜惜。"遂封为"兰妃"，朝夕不可离。

谁也没想到进宫才短短几个月，这年六月，泾原兵因不满朝廷赏赐在长安发动兵变。

去年冬天德宗皇帝为解救被淮西节度使李希烈围困的襄城，征发泾原兵驰援，泾原节度使姚言率兵五千人途经长安，去援救襄城。军士冒雨长途跋涉而来，饥寒交迫，疲惫不堪，本希望得到皇上赏赐，谁知一无所获。

将卒们大怒哗变，喧躁着占据京城。德宗皇上仓促弃眷逃往奉天。泾原兵将在家闲居的前太尉朱泚请出，奉为首领，朱X自称大秦皇帝。

叛乱后，皇宫被占，被留在宫内的季兰，哦，应该叫兰妃娘娘也不能幸免，朱泚早就仰慕季兰的诗文茶道，待左右把季兰带上大殿，他没想到一个近五十岁的女人还会如此楚楚动人，于是季兰被逼向朱泚献茶献诗。

朱泚怎么也没想到，本来即将被攻克的奉天，如囊中取物的德宗等来了勤王大将李晟，李将军及时赶到，大军勇猛团结，迅速平定了朱泚叛乱。

德宗皇帝挥师再克京师，回宫后下"罪己诏"，称除叛将朱泚外，余党概不追究，改国号为"兴元"，一时天下太平，人心安定。

可就是这个写"罪己诏"的皇帝，却在寝宫单独召见季兰，曰："你怎么不学严巨川？'手持礼器空垂泪，心忆明君不敢言'。你这个不忠的下贱女人！"遂令拖出宫外当场扑杀。

今年春天得知季兰入宫为妃的消息时，陆羽、皎然、茶烹三个男人都变得沉默了。

陆羽日夜独自写作《茶经》，进展颇为顺利；皎然则在清凉洞闭关静修，任何人不得打扰；至于茶烹，每天在寺中自己修炼不二茶丸的阳丸功，间中处理寺庙一应杂物供奉，他本就机灵，原来只是因为季兰让他乱了心，这下不见了，反而无事。

三个人也曾见过面，但都闭口不提季兰，好像这个女子从来不曾出现在生命中一般。就在大家似乎集体忘却那段如梦的日子时，噩耗传来。

茶烹是第一个得到消息的，三天前他去镇上采购寺里的日常用度，听到街头巷尾都在说一个话题：京城大乱，叛将占了都城，德宗皇上弃眷跑了，数月后四方护驾王师打回京城，德宗皇帝回宫，因宠爱的兰妃娘娘曾为叛将献诗，皇上大怒，下令将其乱棍打死，香消玉陨。美丽的兰妃娘娘是咱们湖州老乡啊。

茶烹听了，简直不相信自己的耳朵，再三打探，知所言不虚，双脚如踏云一般，手里的物品也不知道丢在哪里，魂飞魄散，三步并作两步奔至清凉洞见到师父，一一讲毕，师徒二人相对无言。

及至二人花了两天时间匆匆赶去永嘉找到在雁荡山查看野茶的陆羽，茶烹话音刚落，陆羽便大叫一声，一口鲜血喷出，昏迷不醒了。

皎然忙施内气凝针术点穴救治，茶烹用阳丸功给陆羽补气。

子时刚过陆羽已然无恙，翻身起床，一言不发，三人一夜默默无语，唯有泪千行。

皎然不知道自己也会流泪，多年的修炼，他已经体会无常之境，佛法中"生、老、病、死、爱别离、求不得、怨憎会、五蕴织盛"八苦为常，他知道一切皆空，但知道归知道，他依然控制不住地在弟子、好友面前流下了眼泪，此为人之常情，心中难过，何须造作？

陆羽至此方才真正体会内心中对季兰的感情，那个叫他"渐儿"的女子，那剪不断理还乱的情愫，那挥之不去、萦绕于胸的倩影。

茶烹早就想哭了，从知道兰姑不爱自己，从后悔曾经出现的魔障，从得知兰姑入宫，从第一个惊闻噩耗，他一直就想哭，哭自己的愚蠢无知，哭师父的慈悲，哭陆处士的包容，哭兰姑的苦命，他有太多的话太多的懊悔想说又无从说起，有太多的眼泪要流又不敢流。

今日立秋。

流泪了一夜,静坐了一夜,唏嘘了一夜,三个男人在清晨几乎同时抬起头来。

陆羽首先站了起来,对皎然一躬到底:

"然兄!小弟经三年,今已毕《茶经》,没有兄长的关心指教,哪有小弟今日?兄长之恩,没齿不忘!"

说完,也不等皎然回答,他哈哈大笑抓起书桌上的《茶经》大声诵读起来:

"茶者,南方之嘉木也,一尺二尺,乃至数十尺。其巴山峡川有两人合抱者,伐而掇之,其树如瓜芦,叶如栀子,花如白蔷薇,实如栟榈,蒂如丁香,根如胡桃。其字或从草,或从木,或草木并。其名一曰茶,二曰槚,三曰蔎,四曰茗,五曰荈。其地:上者生烂石,中者生砾壤,下者生黄土。凡艺而不实,植而罕茂,法如种瓜,三岁可采。野者上,园者次;阳崖阴林紫者上,绿者次;笋者上,牙者次;叶卷上,叶舒次。阴山坡谷者不堪采掇,性凝滞,结瘕疾。茶之为用,味至寒,为饮最宜精行俭德之人,若热渴、凝闷、脑疼、目涩、四肢烦、百节不舒,聊四五啜,与醍醐、甘露抗衡也。采不时,造不精,杂以卉莽,莽饮之成疾。茶为累者,亦犹人参,上者生上党,中者生百济、新罗,下者生高丽。有生泽州、幽州、檀州者,为药无效,况非此者!设服荠苨,使六疾不疗。知人参为累,则茶累尽矣。"

皎然静静听着这开天辟地、举世无双的《茶经》，体会其中之精妙，边听边不觉频频点头，赞叹道：

"鸿弟，您真不愧为茶神啊！"

茶烹感觉如入梦境。

几人正琢磨时，皎然一拉陆羽的手："来来来，鸿弟，今天是好日子，为庆祝您的绝世《茶经》成就，咱们去溪中筏舟如何？"

二

雁荡山脚下有悠悠三百里楠溪江，风光迤逦，水秀岩奇、瀑多林美，溪边一派田园风光，山川之美，古来共谈。

楠溪江的奇岩险峰，星罗棋布，有绝壁奇观太平岩，深潭凝碧三角岩，天然盆景狮子岩，九丈奇峰朝天龟，溪中天柱石桅岩，峥嵘入云十二峰，屯兵扎营南崖寨。此中多生幽洞，清雅幽

致。

早在六朝时期,王羲之、孙绰、裴松之、谢灵运等先后出任永嘉太守,中原名门望族视永嘉楠溪为乐土,纷纷陆续迁移来此定居。楠溪江两岸田园渐广,人家鸡犬如桃源。

此刻一叶扁舟,三人同船,皎然持禅箫端坐竹筏之首,湖水清幽,他一曲自创的"天地人"禅音三曲,悠远流畅。

陆羽盘坐在竹筏的中间,细心地将茶席准备妥当,然后摆放了三个茶碗。

茶烹将背上竹筏的石头炉子安放好,点燃了柴火,火上架起一个大铁壶,铁壶里装满了湖中打来的湖水。

火"噼啪噼啪"地越烧越旺,趁着烧火的空隙,陆羽坐在筏中将脚自然浸入清凉无比的水中,脚尖轻轻地搅起水花。身旁绵绵青山滩林,远处渔船星星点点,低头江风温柔拂面,聆听涓涓细水长流,如此甚好。

陆羽看着壶中的水将要烧开,便将脚抬回竹筏上,盘腿坐好,轻轻运气将两个茶碗飞至皎然及茶烹胸前,然后从茶烹手中接过铁壶,轻点壶嘴,将壶中的茶水点出一条水线飞至皎然和茶烹胸前的茶碗中,动作一气呵成,举重若轻。

茶烹知道,这是"月印千江"功夫,之前看兰姐做过,兰姐做时先调息，凝神，屏息，然后吐气飞水，茶烹没有想到原来"丹阳手"可以这么轻松自然，没有一丝造作，舒缓平稳，均匀优美，无欠无余，他好像就那么随意一点，茶水就听话地成了一条水线，仿佛他和茶水本来一体，收发自如，去留随心。

茶烹端起胸前的这碗茶水，碧绿的茶水中，他看见了兰姑的影子，初见时那个浅绿长裙的姣好羸弱的影子清晰地印在茶碗里。

这一刻，他看见了这个美丽的影子在微笑，再后来他又看见美丽的影子变成焦虑的表情，兰姑为情所苦，对师父痴迷的样子，他再次看见那个夜晚，他和她在师父的方丈室里发生的一切历历在目，她发现禅榻上的自己时失望的眼神，最后那个影子随着茶气慢慢升起，兰姑幽怨的表情，在茶气里升腾聚散，茶烹呆呆地对着茶碗，想抓住这飘渺的一丝气息，但那茶气越飘越远，茶烹又仿佛看到了兰姑临刑时的无助、痛苦，他的心碎了。当兰姑的影子化成浓浓的血水消失时，茶烹发现自己的眼泪滴进茶碗中，混合着茶气的芬芳，茶烹感受到了天空中飘忽的一缕清和之气，他看到了兰姑在云上微笑……

为了契合那一丝微笑，那一缕茶香，那一股清和之气，茶烹的心里竟然油然而生了一种喜悦和清净，兰姑没有逝去，她在远处望着他。

第六章 茶禅道

人生离不开生老病死,苦乐交替,所谓"生者必死,聚者必散,积者必竭,高者必坠",内心可以毫无挂碍,才是真正的自由人啊。

茶烹低头看着自己手中的这碗茶水,一饮而尽时,那身影、气息、微笑仿佛不见了,又仿佛根本没有离开。

茶烹想起了第一次见到兰姑时,他和她出去拾柴烧火,出门看见院子里有一只小黄莺跌落地上,瑟瑟发抖,那是一只幼鸟,应该受了伤,腿上有血迹,从树上跌落,看到有人,惊恐的眼睛里满是慌张,它扑棱着翅膀想要飞,却飞不起来。兰姑心生怜惜,马上把它捧在怀里帮小黄莺包扎,茶烹自己出去拾柴烧火,离开时,看见兰姑把小鸟放在自己胸前,抚摸着,安慰着,温暖着,幼鸟慢慢放松下来,他恨不得也想伸手去抚摸小鸟,或者干脆自己受伤,让兰姑一样包扎,一样安抚,如果能够和小鸟一样躺在兰姑的怀里,那死而无憾了。

想起这些,茶烹不禁努嘴苦笑了一下,人的成长,必然要经历一次次的相遇,比如遇见师父皎然,让他脱胎换骨,再比如遇见兰姑,让他睁开了眼睛看到一个崭新的世界呈现在眼前,如同生命中遇见了春天,枝干充满了活力,每天都被赋予了新的意义。生命因为有爱而有活力,有情是生命的原动力。

每一个遇见是翻开了生命的新的一页，"爱"让人生出欢喜心和感恩心，而想对"爱"的占有使人痴迷痛苦，当爱情变成了迷情时一切终究会复归于云烟，苦中生乐，乐中有苦，这反复无常、交替循环的人生不才是生活吗？

我们都想得到爱，却又不理解什么是爱。当我们不期然间失去健康、失去生命、失去爱的那刻，我们自然就会领悟到生命中什么是最重要的，什么是生命的本源。这匆匆而过的人生，究竟是充满了活力、意义还是一文不值，到时自见真章。生命只有一次，世上没有比它更宝贵的东西，失去时，天人永隔，再也无法相见了。

如果能够再次见到自己爱的人，能够再次看见那个熟悉的背影，听到那温柔的声音，茶烹愿意付出任何代价，可，有那么多可能吗？人生失之不可复得。

我们往往误解了爱的本质，在爱对方时想着"我爱你，所以你也要同样爱我"，其实这根本不是爱，是交易。就如同许多人去寺庙烧香许愿，好像对佛说"我供养你，所以你要保佑我升官发财生儿子"一样，爱和信仰变了味道，变成了交易，从欢喜和感恩的"爱"变成了索取和回报的所谓"爱"，这种交易的爱和信仰得不到想要的回报时，执着的人成了怨，成了恨。

还有的"爱",发生在父母与子女、师父和弟子间,用自己无知的方式去"爱"对方,或时刻打着关心的名义让对方无法呼吸,或无底线地宠爱让对方忘乎所以,结果就是辛辛苦苦最"爱"的那个人变成最自私、最忘恩负义、最身心皆苦的那个人。过度关心的花不开,离爱才更加懂爱啊。

我们习惯用爱的名义约束、捆绑、占有、伤害而不知,我们被这所谓的"爱"缴获,俘虏,迷惑,混乱而不觉,然后就是纠结在爱恨交替,纠缠痴绕,苦乐循环的人生。

我们"爱"的是"爱"这种虚无缥缈的感觉,陶醉在这个虚幻的感觉里不能自拔,抓不住时就苦恼,甚至想毁灭。所以越"爱"越痛苦,最终两败俱伤。

可当我们幸运地遇见真爱时,遇见对的那个人,遇见不以占有为目的的爱,学会真正尊重对方,理解对方,善待对方,信任对方时,此时的心便不再孤单,欢喜的心会因为"爱"而清澈而深邃,包容而慈悲。

当心归到本源,如是清净,实无寂寥,亦无情深。凡缘终归尘土,唯自性不生不灭,缘来欢喜,缘去不追,了的就是人世间的幻想执着,悟此后爱而不执,情无所牵。世间万物皆因缘而生,缘聚则生,缘散则灭。此灭则彼生,自然往复,生生不息。

茶烹看着手中空空的茶碗,碗底再也没有什么影子,既然有遇见就会有分离，人与人之间谁也不知道下一刻还会不会再见？缘分本无定性，那我们为什么不去珍惜相聚的那一刻？

爱亲人，爱生命，在爱中修行，本来就是生活。

我们曾如此期待命运，最后发现人生最曼妙的风景，竟是内心的从容；我们曾如此在乎别人，最后才知道自己的心与别人无关；我们曾如此计较付出，最后才懂得一切终将会失去，挥挥手带不走一片白云。

禅者并非不知人间险恶，贪痴疑慢，而是无论何时，都能随喜自在。

有一种爱，未经人事却已历经沧桑，百转千回，沧海桑田，凛冽如岩后，当心情如尘埃落地般寂静，记忆似苔藓附着幽涧山径。惟有纯纯的爱干净如初，仿佛天地间一朵含苞待放的小花，与这温暖的阳光，相看依然，终看不厌。

这个立秋的中午，年轻的和尚茶烹愣愣地面对空空的茶碗，他在空空的茶碗里看见了什么？

他看见的这些、遇见的这些、想到的这些都去了哪里？

三

陆羽将煮开的茶水分给了舟前舟后的师徒二人,最后他慢慢地给自己斟了一碗茶,这一切他做得很仔细,看着滚滚的茶水注入碗中,热热的茶气腾腾升起,他融入了这一丝袅袅的茶气中。

他看到茶碗中的茶水变大,再变大,变成了舟下一湖静水。

老子说:"上善若水。"

水真是了不起啊,如同生命的各种境界,在环境恶劣时坚硬结冰,此为忍辱精进,真是不能想象这么温柔的水可以结成如此坚固的冰,那么,我们生活中如水般温柔的母爱、情爱,什么时候可以化成坚固的冰呢?

坚固的寒冰遇到热流化为雾气,雾虽无形,却以无形蕴万形,聚可成云结雨化为有形,润物无声;散可无影无踪逍遥于天地,随风入夜,此为随缘自在。

这利万物而无形的水,这无形、无色、无相、无味的水,人生须臾不可离啊。

怎么形容水呢？冰也是水，云也是水，热气还是水，你的心在哪个阶段，哪个阶段就是你心中的水。

它融入生命，滋养万物，它抓不住，摸不到，抽刀断水水更流；它坚忍不拔，滴水穿石；它给燥热的凡心以清凉，以柔弱之躯胜刚强。

天地无人推而自行，日月无人燃而自明，星辰无人列而自序，禽兽无人造而自生，此乃自然为之也，何劳人为乎？人之所以生、所以无、所以荣、所以辱，皆有自然之理、自然之道也。顺自然之理而趋，遵自然之道而行，人则自正，犹如人击鼓寻求逃跑之人，击之愈响，则人逃跑得愈远矣！

夫不争，唯天下莫能与之争。

这就是这碗平凡而又不平凡的茶水啊，陆羽看着这茶水微微地笑了，他抬起头，看到了湖旁边色彩缤纷的山林，秋天的山色变得丰富起来，有金黄色、枫红色、青绿色，各种颜色交汇。山上的树叶开始陆续凋落，向阳的一些红叶还挂在树梢，树影投在碧绿的湖水中，显得有些凄冷。

很多年了，一直忙于采茶、制茶、写茶、煮茶，只顾埋头劳作，陆羽很久没有静下来欣赏美妙的秋天的山林，已到落叶的时节，天气也渐渐转寒了。

第六章 茶禅道

自然是人类最好的老师，道法自然，那么回归自然便是修行了。

把天天朝外的眼耳鼻思维心念全部内收，用淡淡的心看自己，放松地回到大地山林的怀抱，用最平静的心凝听自然的声音，这时候，树叶飘落的声音，小鸟鸣唱的声音，花开花落的声音都是美妙的音乐，除此之外，我们还需要什么语言呢？我们把活泼泼的自己埋在土里，却去寻找什么天籁之音，还有什么比自然更出色的清澈之音呢？一切尽在于此了。

树叶一片一片飘落，复归于尘土，这沉默的树木比我们聪明的人类多了智慧、天真和淳朴，比我们多了精神和气魄。

能够主动选择简朴和清贫的人是令人尊敬的，清贫可乐道，宁静以致远，这些人没什么都想占有的心，懂得适可而止，懂得舍弃和放下，这些人不是不要，而是不被要，人生的韵味就在于这一份从容不迫，胸怀宽广，就像走在空荡荡的落尽树叶的树林里，你可以清晰地感受到树的体温，树的气节，树的本性。

如果树不落叶，整年挂着旧树叶不肯凋落，不肯放手，这颗树的生长就会停止，失去了生命力的树木不久就会干枯。即便是松树、檀香木等常青树，也会不断交替渐进地更换树叶，绽放新芽，树叶归于泥土，滋养树根，春来秋去，循环往复，这就是自然的规律。自然是我们伟大的导师，自然界只有人类不愿落叶，不愿归根，只想不断索取，不愿放手付出。当没有更替的新鲜能量进入腾空的身体，没有更替的新鲜思想进入腾空的心灵，当因为不愿回归舍弃放手，自私的人终将无力独立支撑而干涩迟钝枯竭，我们要的生命的适度空间并非空置，而是每个生命必须呼吸的空间，生命的留白，支撑着生命的原始密码和本质。

花儿为什么绽放，又为什么枯萎？树叶为什么生机勃勃，又为什么叶落归根？树的生命和人的生命又有什么不同？都会有生老病死，生命中勇于凋落和舍弃才会有新的起点和开始。

佛经中的天龙八部提到的迦喽罗就是指凤凰，这种神鸟五百年涅槃一次，它的鸣叫声是仙界的音乐，它每天要吃一百头龙、一千条大毒蛇。凤凰经历烈火的煎熬和痛苦的考验，获得重生，并在重生中涅槃。凡是美的都很短暂，如同流星、落花、萤火，谁能蓄养凤凰呢？谁又能束缚着月光呢？

陆羽看着远山的树，想着草庐窗前兰草和向日葵的灿烂。闲暇时，他就在窗前，看着窗前幽兰芬芳发呆，感受它青青的叶子里若有若无的香气，这缕幽香在草庐前萦绕不散，假如没有了自然的气息，没有了清风徐来，没有了鸟语花香，生命将是多么单调和平庸？陆羽常常在这清风拂面、兰香入心的某一刻挥毫泼墨：

"兰之猗猗，扬扬其香。众香拱之，幽幽其芳。不采而佩，

于兰何伤?以日以年,我行四方。文王梦熊,渭水泱泱。采而佩之,奕奕清芳。雪霜茂茂,蕾蕾于冬,君子之守,子孙之昌。"

今天的山林太美了,远远有一株巨大的金桂树直接映入眼帘,秋天的桂花飘香,兰姐总是爱在秋天收集桂花,用来制茶、煮饭、做菜、酿酒,今天这株高大的桂花树的树叶被午后金灿灿的阳光包裹,散发着夺目的光芒,陆羽看得见兰姐欢快地采花的样子,他突然想,那些生活在恐惧中的人啊,是因为他们从来没有真正地活过。

陆羽想着想着又抬起来头,看见天空飘过一朵白云,今天的风很大,云随着风在天空或聚或散,好像人生的缘分一般不可捉摸。人生无常,没有什么一定之规,越想要的往往越得不到,坦然接受生命中所有的礼物就像流淌的溪水,没有往事的枷锁,没有未来的计划,不念过往,不畏将来,只有此刻的宁静和活在当下的轻松和自由。

陆羽仰望着蓝天上的白云,凝神倾听着,这没有声音的声音,没有语言的语言,当你敞开你的心和天地万物融合时,你就是风,你就是云,你就是宇宙,你越接近自然,就更加接近生命的本源。

白云很快变化成了乌云,开始下起小雨,可是不久,雨过天

一饮涤昏寐，
再饮清我神，
三饮便得道

晴,天空又没有了一丝云彩,晴朗的午后,碧空如洗。这云好像四季,没有严冬的寒冷哪来春天的生机?又好像是人生,没有痛苦的分别哪来重逢的狂喜?

突然他听到箫音清亮,循声看去,皎然端坐筏首,江风微凉,灰衣随风飘逸,那箫声流丽无滞,清扬致远,声与空合,耳与声会,他心中突地了然。

陆羽微笑着低头一饮而尽碗里清澈的茶水,想道:

此生还能再次遇见这个美好的下午吗?

四

皎然放下手中的禅箫,看着自己托在手中的茶碗,茶碗中茶香清幽。

望着清新的茶水,想到:这一碗茶水中可以静栖多少岁月,可以沉淀多少年华？为何茶与水相遇便成了禅，成了诗，成了静，成了怡？

当"茶"和"水"相遇后，便没有了"茶"，没有了"水"，他们变成了新的生命，这个生命叫"茶水"，它超越茶，超越水。激越达天，浑厚下地，清凉入心，将我的幽香遇见你的绵绵便成了这禅茶一味。当期不遇，孤白历历；当期相逢，新新非故。

这一年又一年的蹉跎岁月，到底是向我们走来还是在匆匆离开？

心如止水，乱则不明。心中一旦有了欲念，便如同线团，越扯越紧，不乱于心，不困于情，"子欲避之，反促遇之"，世事无常唯顺其自然，来则坦受，是为自在。

皎然在仔细看这碗茶水，透明的茶水映照出了自己的脸，这禅者的心，不就是如同这茶水一般的透明，如同镜子一般反射吗？用心却又无心，如同镜子一般红来现红，绿来显绿；物来则应，物去不留，这不就是禅者的心吗？

世间万物，万法皆可"为我用"，但皆非"为我属"，在圣不增，在凡不减，活在当下，制心一处，随缘自在，自在随缘，镜子映人、映物、映一切万物，但不为万物之相所惑,这不就是"体不动,而用常显;用常显,而体不变"的道理吗?

至道无难啊!物物皆可为师,皎然微笑着低头再看茶碗,一口气饮完了这碗清茶,他抬头仰望着碧蓝的天空,天空没有一丝云彩,这光明无尽的天空,可照见五蕴皆空,好一个"照"字!有心有茶,却又无心无念。

生命很短,抛开汲汲营营的欲念而在万有皆空中重新找回自己,用旅行者的心态面对生活,自然给予的所有际遇,只需用感恩的心收下。

秋天来了,树木已经准备好迎接空荡荡的枝头,准备好毫不吝啬地放下枝繁叶茂,准备脱胎换骨地重生。那么,人呢?

皎然静心地看着手中这杯茶,感受着茶的香气、色泽、这不就是人生的香气和色泽吗?

这时,他胸中涌现出几句诗,皎然突地一声长啸:

"一饮涤昏寐,情思朗爽满天地;再饮清我神,忽如飞雨洒轻尘;三饮便得道,何须苦心破烦恼。"

茶烹听着师父的啸声在远山激扬回响,先自呆了。

陆羽先是一愣,但迅刻悟道,一拍大腿对着皎然大笑:

"然兄!请吃茶!"

两人对望一眼,再一起转身看舟尾的茶烹,茶烹略一思索,迅即对着他们展颜一笑，三人就这么互相哈哈笑望着，无天无地无禅无茶。

有一只水鸟飞落在舟前，有一阵清风徐徐拂面，有几片落叶随风起舞。

此刻，

谁与谁同饮？

谁与谁同音？

谁与谁同在？

谁与谁同心？

此刻，又去了哪里？

图书在版编目(CIP)数据

禅者的秘密·禅茶/悟义著.――上海：文汇出版社，
2013.7
(茶密修养禅文化丛书)
ISBN 978-7-5496-0951-2

Ⅰ.①禅…Ⅱ.①悟…Ⅲ.①禅宗－关系－茶叶－文化
－中国－通俗读物 Ⅳ.①TS971-49

中国版本图书馆CIP数据核字(2013)第160434号

禅者的秘密·禅茶

作　　者/悟　义
责任编辑/戴　铮
插　　画/静　岩　毛励铭
装帧设计/毛励铭
出版发行/ 文汇出版社
　　　　　上海市威海路755号
　　　　　(邮政编码200041)
经　　销/全国新华书店
印刷装订/上海新文印刷厂
版　　次/2013年7月第1次印刷
开　　本/640×960　1/16
字　　数/60千字
印　　张/15
印　　数/1—16000
书　　号/ISBN978-7-5496-0951-2
定　　价/42.00元

本书经上海市民族和宗教事务委员会审定